贵州省重点支持学科（应用心理学）资助
（黔学位合字ZDXK〔2014〕30号）

流动儿童心理与
社会发展透视

张 翔 著

西南交通大学出版社
·成 都·

图书在版编目（ＣＩＰ）数据

流动儿童心理与社会发展透视／张翔著. —成都：西南交通大学出版社，2015.7
ISBN 978-7-5643-3897-8

Ⅰ. ①流… Ⅱ. ①张… Ⅲ.①流动人口－儿童心理学－研究 Ⅳ. ①B844.1

中国版本图书馆 CIP 数据核字（2015）第 107952 号

流动儿童心理与社会发展透视

张 翔 著

责 任 编 辑	罗爱林	
助 理 编 辑	梁 红	
封 面 设 计	何东琳设计工作室	
出 版 发 行	西南交通大学出版社 （四川省成都市金牛区交大路 146 号）	
发 行 部 电 话	028-87600564　 028-87600533	
邮 政 编 码	610031	
网 址	http://www.xnjdcbs.com	
印 刷	四川煤田地质制图印刷厂	
成 品 尺 寸	148 mm×210 mm	
印 张	8.25	
字 数	230 千	
版 次	2015 年 7 月第 1 版	
印 次	2015 年 7 月第 1 次	
书 号	ISBN 978-7-5643-3897-8	
定 价	30.00 元	

目　录

第一章　研究背景和意义

一、研究背景

近年来，伴随着我国城市化进程的加快和对人力资本的需求，大量劳动力由农村转向城市，进城务工农民的数量迅速增加。由于我国的户籍管理制度，使得由农村进入城市的农民工成为我国城市社会中的"边缘"和"流动"群体，他们往往从事艰辛的体力劳动，常常需要付出比城市居民更多的努力才能在城市立足。与此同时，由于城市与农村地区之间的经济不平衡现象，决定了农民由农村向城市流动的趋势在短时间内不会改变，流动人口的规模将不断扩大。

在我国流动人口规模不断增大的同时，流动人口的结构也在发生一些变化，其中较为显著的变化之一便是流动人口的"家庭化"，即在流动人口中，越来越多的人不再以单独的身份而是以家庭的形式进行流动。因此，在流动人口中，跟随父母到所在城市暂时居住的"流动儿童"数量也大幅增加。据《光明日报》所发布的"全国农村留守儿童、城乡流动儿童状况研究报告"的数据显示，"全国城乡流动儿童规模为 3 581 万，且多数流动儿童属于长期流动，平均流动时间为 3.74 年"[①]。由于没有城市户口，且家庭经济条件相对困难，流动儿童的诸多受教育权利无法得到保障；流动儿童的父母平时忙于工作，疏于关爱和教养子女，流动儿童的家庭和社会支持状况堪忧。流动儿童已经成为一类新的"弱势群体"，或被称为"处境不利儿童"群体，这类群体也日益受到社会各界的关注，并引发了学界关于流动儿童的学术热潮。

---

① 李海秀：《留守儿童达 6000 万，流动儿童超 3500 万》，《光明日报》，2013-5-16。

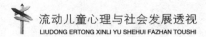

从国外研究来看，由于 20 世纪 80 年代以来，各国移民人口迅速增长，移民儿童的数量也逐渐攀升，因此，国外有关流动儿童（即移民儿童，Immigrant Children）的研究开始较早，不仅在理论上成果颇多，而且在实证研究方面也积累了大量的成果。有研究表明，移民儿童在美国的时间越久，他们就越有可能卷入冒险行为，如滥用金钱、违法犯罪和性行为等（Suárez-Orozco，2002）；国外出生的学生比在美国本土出生的学生要面对更多的种族歧视和语言障碍（Steinberg，1996）；移民儿童的学业成就普遍低于本地儿童（Buchmann，2006），表现出不同程度的低自信（Aurelius，1979），行为紊乱（Rutter et al.，1974）、抑郁（Barankin & Konstantareas，1989）、神经性厌食（Bryant & Lask，1991）和躯体不适症状（Roberts & Cawthorpe，1995）等，且 Perreira 和 Ornelas（2011）认为流动儿童的高风险状况会形成恶性循环而影响至下一代儿童，从而导致更为糟糕的结果[①]。移民儿童身心发展的影响因素既有社会环境因素，如家庭中父母的适应能力和受教育程度（Beiser et al.，1995）、学校和社会文化差异（Manaster，1992）等，也有内部因素，如年龄（Szapocznik，1978）、性别（Sowa et al.，2000）、语言能力（Nicassio，1993）等。

是否所有高风险儿童的身心发展状况均会受不利环境的影响而产生消极现象呢？答案是否定的。从积极心理学的视角来看，个体普遍具有一种对困难经历的"反弹"能力。因此，部分高风险儿童可能遵循着"处境不利—心理反弹—适应良好"的发展轨迹，从而获得较好的发展。如 Werner 和 Smith（1992）曾指出，"如果研究追踪到被试的成年期，至少有 50% 的高风险儿童（如面临贫穷、疾病等）可以成长为成功、自信、有能力和体贴的人"[②]。这一结论为研究流动儿童的成长和发展提供了独特的视角，也为流动儿童的干预研究提供了理论和实证依据。

[①] Perreira K M, Ornelas I J. *The physical and psychological well-being of immigrant children. The Future of Children*, 2011, 21(1): p195-218.

[②] Werner, E., Smith, R. *Overcoming the odds: High-risk children from birth to adulthood*. New York: Cornell University Press, 1992: p156.

　　国内开展流动儿童的研究相对较晚，从社会学和心理学的视角来看，已有流动儿童的研究成果主要集中在三方面：一是流动儿童的社会适应问题研究。邹泓等（2004，2005）对我国九城市流动儿童生存和受保护状况、发展和需求状况的调查是较早关注流动儿童社会适应问题的研究，并认为流动儿童受歧视的情况比较普遍。王莹（2005）也较早的对郑州市公办学校流动儿童所遭遇的社会排斥和所拥有的社会支持网络进行了考察，认为流动儿童的城市适应状况不容乐观，所遭遇的社会排斥较多。在流动儿童社会适应的后续研究中，研究者认为，与城市本地儿童相比，流动儿童的问题行为较多（曾守锤，2010；李晓巍等，2008），学校适应方面存在更大的问题（孙晓莉，2006），学习适应性总体情况较差（王涛、李海华，2006）。但也有研究者认为，多数流动儿童的社会适应状况良好（郑砚，2012），公立学校的流动儿童能适应城市的生活（郭良春，2005），人际适应、学校适应和行为习惯适应良好（许传新，2009），"流动"的经历对儿童的社会适应有弊也有利，流动一方面增加了儿童的孤独感，另一方面也提升了儿童的生活满意度（范兴华等，2009）。此外,流动儿童的社会适应状况在人口统计学变量上也存在一定差异，如性别因素（袁晓娇等，2009）、年龄因素（胡韬，2007）、进城时间（李思霓等，2009）、教育安置方式（曾守锤，2008；袁晓娇等，2009；王中会等，2012；王中会等，2014）等。

　　二是流动儿童的心理发展研究。有研究认为，流动儿童的心理健康水平（社交焦虑、孤独和抑郁）显著低于城市本地儿童（蔺秀云等，2009），流动儿童的孤独感（方晓义等，2008）和自卑心理（刘正荣，2006）较强，焦虑和抑郁倾向较为明显（高文斌等，2007），总体而言，流动儿童的心理健康水平较差。此外，与城市本地儿童相比，流动儿童的自尊水平较低（李小青等，2008），积极人格特征得分偏低（王瑞敏、邹泓，2008），消极的人格品质较为突出（陈美芬，2006）。大部分流动儿童积极心理品质（如个人掌控感、乐观主义倾向等）处于理论的中等及以上水平（余益兵、邹泓，2008），但与非流动儿童相比，流动儿童的心理弹性水平较差（周文娇等，2011；刘霞，2009）。

三是流动儿童的干预研究。研究者分别采用个体干预（心理周记）和群体干预（心理健康专题活动课）（胡进，2002）、团体心理辅导（唐峥华等，2013；田捷，2013）、健康促进学校模式（张琦、盖萍，2012）、社会工作（小组工作和个案工作）干预（裴林亮，2012）等方法对流动儿童的心理发展和社会适应状况进行干预，并取得了一定的效果，但总体而言，"干预研究相对较少，且个体水平的干预较多，针对环境的干预较少；消极心理健康问题的干预较多，针对积极心理品质的干预较少"[①]。

从上述研究结果来看，流动儿童的心理发展和社会适应现状不容乐观，面临诸多的理论问题和现实问题。流动儿童心理发展和社会适应问题虽然已引起学界的关注，但也存在以下不足：（1）在研究结果上，以往有关流动儿童心理发展和社会适应的结论不一，甚至相互矛盾，如流动儿童的心理健康状况是否与城市本地儿童存在显著性差异，不同研究得出了不同的结论。（2）在研究方法上，研究者对于心理发展和社会适应的标准尚未达成共识，往往依据自己的理解使用不同的概念和指标来评价流动儿童的心理发展和社会适应状况，如对于社会适应的标准，不同学者有着不同的理解。（3）在研究内容上，以往对流动儿童心理发展与社会适应问题的研究仅为平行、横断的研究，缺乏对两者交叉、整合的研究，另外，研究者往往孤立地看待心理发展或社会适应，未能将两者系统整合在一起。因此，我们有必要从心理发展和社会适应两大领域对流动儿童的发展状况进行更为深入的描述和分析。

二、研究意义

从数量上来看，流动儿童规模庞大，并且有不断增长的趋势；从年龄阶段来看，流动儿童的可塑性大，正处于身心发展的重要阶段。从农村来到城市，流动儿童面临着生活和学习环境的变化，城

---

① 曾守锤：《流动儿童的心理弹性和积极发展：研究、干预与反思》，《华东师范大学学报（教育科学版）》，2011，29（1）：62-67页。

市有着不同于农村的人际交往、社会结构、生活方式和文化氛围，流动儿童如何在这种环境中实现自身角色的改变，生活方式和价值观念的转变，以便更好地适应城市生活，这是流动儿童在成长过程中所面临的重大问题，同时也是我们亟须解决的重要问题。对城市流动儿童这一特殊群体的关爱，是本研究的初衷；对已有研究结果的总结和反思，使我们看到流动儿童问题研究的立足点。

城市流动儿童的心理发展状况如何？社会适应状况如何？影响流动儿童心理发展与社会适应的重要因素有哪些？流动儿童心理发展与社会适应之间的作用机制如何？针对以上问题，我们拟开展城市流动儿童心理发展和社会适应问题的研究，对以下问题进行探讨：① 城市流动儿童心理发展的状况如何，与城市本地儿童相比，是否存在差别；② 城市流动儿童社会适应的状况如何，与城市本地儿童相比，是否存在差别；③ 影响城市流动儿童心理发展和社会适应的因素有哪些；④ 城市流动儿童的心理发展与社会适应之间的作用机制如何。在对以上问题进行探讨的基础上，我们将尝试提出一些促进流动儿童健康发展的对策和建议。

从理论上来看，本研究有助于丰富和完善国内流动儿童的研究成果，有助于澄清已有研究结论的矛盾，进一步揭示流动儿童心理发展和社会适应的作用机制并进行模型建构，从而拓宽社会学和心理学研究的新视阈。

从现实上来看，由于儿童时期是个体社会化最为关键的时期，也是其生理和心理发展最快的时期。俗话说"三岁看大，七岁看老"，说明儿童的心理发展和社会适应状况对成年个体具有深刻的导向性和预测性。因此，对流动儿童的心理发展和社会适应状况及其影响因素进行探讨，为建构切实可行的流动儿童教育方案提供实证依据，以此促进流动儿童更好地适应社会文化、更好地融入社会环境，从而避免恶性循环而影响下一代儿童。这对于维护社会稳定、构建和谐社会、提升家庭幸福感、促进社会的繁荣与发展，无疑将具有积极的意义和价值。

第二章　研究方法和工具

一、研究方法

本研究主要采用文献分析法、问卷调查法和访谈法。

文献分析法的主要目的是广泛收集有关流动儿童心理发展与社会适应的前期成果（报纸、期刊、硕博论文、外文文献等资料），以了解目前流动儿童心理发展和社会适应的研究现状，并通过对文献的整理，确定本研究的研究框架和测量指标，各变量之间可能的内在逻辑关系等。

问卷调查法的主要目的是以量化研究的方式，揭示流动儿童心理发展和社会适应的现状及特点、流动儿童心理发展与社会适应的影响因素和作用机制，掌握第一手研究资料，在此基础上提出对策和建议。

访谈法的主要目的是以质性研究的方法，探讨流动儿童心理发展和社会适应的整体现象，使用归纳法分析资料，通过与流动儿童及教师的直接互动，更深入地理解他们心理与行为的意义。目前有关流动儿童的研究多是量化的，本研究采用质性研究方法，不但有助于发现量化研究没有涉及的问题，更有助于验证量化研究的结果。

二、研究对象

目前学界对于"流动儿童"的界定并不一致，这可能是导致已有研究结论存在差异的一个原因。除"流动儿童"外，还有诸如"流动人口子女""打工子弟""外来工子弟""进城务工人员子女"和"农民工子女"等不同的称呼。教育部在 1998 年 3 月所公布的《流动儿童少年就学暂行办法》中，将流动儿童少年定义为"6 至 14 周岁（或 7 至 15 周岁），随父母或其他监护人在流入地暂时居住半年以上有学习能力的儿童少年"[1]；段成荣（2004）将流动儿童定义为"流动人口中 14 周岁及以下的儿童人口"[2]；蔺秀云（2009）将流动儿童定义为"6~18 周岁户籍在农村，但随父母或监护人居住在城市的儿童青少年"[3]。"流动儿童"概念界定的这种差异，体现了研究者的视角各有不同。

基于以往研究的基础和本研究开展调查和访谈的实际需要，我们将"城市流动儿童"定义为：6 至 15 周岁，户籍在外地，随父母或监护人在流入地城市暂时居住和学习的儿童少年。

与"流动儿童"概念相对应的"城市本地儿童"是指：6 至 15 周岁，户籍在本地，且在城市长久居住和学习的儿童少年。出于简洁的考虑，"城市流动儿童"以下简称"流动儿童"，"城市本地儿童"以下简称"本地儿童"。

三、变量界定

为便于对研究变量进行操作性描述，将抽象的概念转换为可观测、可检验的具体内容，我们首先对研究中的主要研究变量进行界定。这样做的目的是为了能够更加客观地测量研究变量，为他人重复验证提供具体的做法，同时还可以避免不必要的歧义与争论，便于和同行进行学术交流。

心理发展在本研究中是指个体在儿童阶段有规律的心理品质、人格的发展与变化。儿童时期是人一生最重要的时期，良好的心理发展，会对个体终身产生重要的影响。按照精神分析理论的观点，

---

① 《流动儿童少年就学暂行办法》(教基〔1998〕2 号)，中华人民共和国教育部网站 http://www.moe.edu.cn/publicfiles/business/htmlfiles/moe/moe_621/ 200409/3192.htm
② 段成荣，梁宏：《我国流动儿童状况》，《人口研究》，2004, 28(1): 53-59 页。
③ 蔺秀云，方晓义，刘杨等：《流动儿童歧视知觉与心理健康水平的关系及其心理机制》，《心理学报》2009, 24（10）：967-979 页。

成人期的许多心理和行为问题，都与儿童时期的心理发展不良有关系，而许多成年人的优秀心理品质，大多也以儿童时期健康的心理发展作为基础。虽然流动儿童大多处在一种处境不利的环境之中，但在现实生活中，并非所有处境不利儿童都会产生消极的心理发展现象，部分儿童可能会由于自身良好的心理品质而获得较好的发展状况，其社会适应状况甚至超过非流动儿童。因此，积极的心理品质和人格特征对于流动儿童而言尤为重要。根据上述心理发展的定义和理解，本研究拟以儿童的人格特征（核心自我评价）和积极心理品质（心理韧性）作为儿童心理发展的测量指标。

社会适应在本研究中是指儿童在新的社会环境中所表现出来的心理与行为状况。流动儿童跟随父母由农村进入城市，需要对家庭外部环境进行重新适应，由于自身心理发展或外界环境因素的影响，部分儿童可能会出现社会适应不良现象。依据行为主义理论的观点，当社会环境（刺激）发生变化时，个体的心理与行为会随之发生改变。这种变化过程对于流动儿童而言是一种社会适应（social adaptation）的过程，即当社会环境发生变化时，个体的观念、行为方式随之而改变，使之适应所在的社会环境的过程（林崇德，杨治良，黄希庭，2003）。流动儿童从农村来到城市，家庭外部的社会生活环境发生了较大的改变，按照上述"社会适应"的观点，流动儿童将面临两种重要的适应任务：心理适应（mental adaptation）和行为适应（behavior adaptation），前者主要是指流动儿童的人格、认知、心理卫生与精神健康问题，后者主要侧重于流动儿童的学习和行为方式问题。"处于不同人生阶段的个体，其肩负的社会角色，所承担的社会任务和履行的社会职能是不同的。"[①] 按照我们的理解，对于处在学龄阶段的流动儿童而言，如果他们能够在保持心理健康和人格健全的条件下较好地完成学习任务，并且没有明显的问题行为，那么，就可以认定他们的社会适应状况良好。据此，本研究将

---

① 曾守锤：《流动儿童的社会适应：追踪研究》，《华东理工大学学报（社会科学版）》，2009（3）：1-6页。

流动儿童社会适应的两个核心指标进一步加以界定：心理适应包括心理健康和人格健全两个二级指标，行为适应包括学习适应和问题行为两个二级指标。至于其他学者所提出的社会适应标准，如语言适应、人际关系适应等（Neto，2002；刘杨，方晓义，张耀方，蔡荣，吴杨，2008），则可以视为是社会适应的前因变量或影响因素。因此，本研究拟以内隐的心理适应和外显的行为适应两个核心指标作为流动儿童社会适应的测量指标，其中内隐的心理适应以心理健康（抑郁、孤独）作为测量指标，外显的行为适应以学习适应和问题行为作为测量指标。

心理发展和社会适应的影响因素是指在儿童心理发展和社会适应过程中的主要影响源。儿童在成长与发展过程中，会受到来自多方面的因素影响，其中来自于自身、家庭和社会等三个方面因素尤为重要，从而造成心理发展和社会适应的个体差异。因此，本研究拟将儿童的个体因素（性别、年龄等人口学变量）、家庭因素（父母教养方式）、社会因素（社会支持）作为儿童心理发展和社会适应的主要影响源，着重探讨以上三个方面对流动儿童心理发展和社会适应的影响作用。

四、研究假设

本研究拟以流动儿童心理发展和社会适应的影响因素作为自变量，以流动儿童心理适应和行为适应作为因变量，以流动儿童人格特征和积极心理品质作为中介变量或调节变量，探讨流动儿童与本地儿童心理发展与社会适应的差异，流动儿童心理发展和社会适应的特征与规律，各变量之间的内在作用机制。本研究主要研究假设如下：

假设一：流动儿童与本地儿童在心理发展水平和社会适应状况方面存在显著性差异，流动儿童的心理发展水平和社会适应状况低于本地儿童。

假设二：流动儿童的个体因素、父母教养方式和社会支持状况

与其心理健康、学习适应和问题行为显著相关，且能够显著预测其心理健康、学习适应和问题行为状况。

假设三：流动儿童的个体因素、父母教养方式和社会支持状况与其人格特征和积极心理品质显著相关，且能够显著预测其人格特征和积极心理品质。

假设四：流动儿童的人格特征和积极心理品质与其心理健康、学习适应和问题行为显著相关，且能够显著预测其心理健康、学习适应和问题行为状况。

假设五：流动儿童的人格特征和积极心理品质在个体因素、父母教养方式、社会支持与心理健康、学习适应、问题行为之间起中介作用。

假设六：流动儿童的人格特征和积极心理品质在个体因素、父母教养方式、社会支持与心理健康、学习适应、问题行为之间起调节作用。

各变量之间的假设关系如图 2-1 所示。

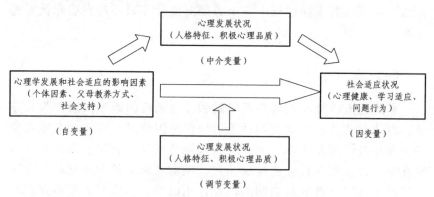

图 2-1　研究变量之间的假设关系

五、抽样方法

本研究首先从我国东部经济发达地区和西部经济欠发达地区各选取一个省会城市（广州和贵阳），再从每个城市随机选取一个行政区（广州市白云区和贵阳市南明区），在区内随机选取 2 所打工子弟学校（小学和初中各 1 所）和 2 所招收流动儿童的公立学校（小学和初中各 1 所）；然后从每所学校中以班级为单位整群抽取 2~4 个班级（六年级、初一、初二各 2 个班级），作为此次问卷调查的样本。同时，在贵阳市的 4 所学校中各选取 2 名流动儿童，公立初中和打工子弟中学各选取 1 名老师，共 8 名流动儿童和 2 名教师作为本次访谈的样本。

本次调查共发放问卷 1 000 份，回收有效问卷 970 份，有效率为 97%。各类儿童的基本情况如表 2-1 所示，年龄范围从 10~15 岁，平均年龄为 12.57 ± 1.06 岁。

表 2-1　各类儿童的基本情况（$n = 970$）

变量	类别	有效样本量	百分比（%）	累计百分比（%）
儿童类别	打工子弟学校流动儿童	530	54.6	54.6
	公立学校流动儿童	268	27.6	82.3
	公立学校本地儿童	172	17.7	100
性别	男	525	54.1	54.1
	女	405	41.8	95.9
	性别不详	40	4.1	100
年级	小学六年级	413	42.6	42.6
	初中一年级	256	26.4	69
	初中二年级	301	31.0	100
是否独生	独生	179	18.5	18.5
	非独生	788	81.2	99.7
	不详	3	0.3	100
城市	广州	377	38.9	38.9
	贵阳	593	61.1	100

　　本次调查中流动儿童共计 798 人，其中在打工子弟学校就读的流动儿童 530 人，在公立学校就读的流动儿童 268 人。流动儿童的年龄范围从 10 岁至 15 岁，平均年龄为 12.62±1.09 岁。

　　流动儿童的基本情况如表 2-2 所示。

表 2-2　流动儿童的基本情况（$n = 798$）

变量	类别	有效样本量	百分比（%）	累计百分比（%）
性别	男	443	55.5	55.5
	女	318	39.8	95.4
	性别不详	37	4.6	100
年级	小学六年级	346	43.4	43.4
	初中一年级	200	25.1	68.4
	初中二年级	252	31.6	100
是否独生	独生	115	14.4	14.4
	非独生	680	85.2	99.6
	不详	3	0.4	100
城市	广州	293	36.7	36.7
	贵阳	505	63.3	100
流动时间	不到一年	66	8.3	8.3
	一年至三年	85	10.7	19
	三年以上	396	49.6	68.6
	从小就在城市	249	31.2	99.7
	流动时间不详	2	0.3	100
家庭性质	单亲家庭	30	3.8	3.8
	再婚家庭	33	4.1	7.9
	正常家庭	708	88.7	96.6
	不清楚	16	2.0	98.6
	家庭性质不详	11	1.4	100

六、研究步骤

（一）问卷编制

通过前期广泛收集相关研究资料，并对已有研究文献和测量工具进行分析，本研究拟采用借鉴或修订已有心理发展和社会适应的问卷或量表。这种借鉴或修订相对成熟的测量工具的做法，一定程度上能够保证本研究的信度和效度。

（二）问卷预测

在大规模施测之前，本研究对正式调查问卷进行了预测，预测的对象为某市小学六年级 10 名儿童和初一年级 10 名儿童。在大致掌握整个调查的完成时间（平均 25 分钟），并确定问卷指导语和各部分题目无歧义、无难理解词句之后，开始印制调查问卷（个人基本信息的三个题目分广州和贵阳两个版本，其他题目均一致）。

（三）问卷施测

本次调查由课题组成员经过统一培训后担任主试，进行现场施测。主试进入学生班级后，按照以下步骤施测问卷：说明来意和调查目的介绍、发放问卷、宣读指导语、询问有无问题、开始作答，整个施测过程中有问题的学生可以随时举手示意，由主试上前解答问题。问卷作答完成后再由主试当场逐一回收，尽量保证问卷施测过程的标准化。

（四）问卷回收和数据录入

对于回收的问卷，主试当场予以快速目测（如发现漏答、多选和少选等问题后当场指出并要求改正），随后继续逐一检查、筛查问卷，按照有无随意作答和规律性作答等标准剔除无效问卷，并进行编号。最后将问卷数据逐一录入 SPSS16.0 统计软件。

（五）流动儿童和教师访谈

在贵阳市取样调查期间，从每所学校中随机选取 2 名流动儿童，公立初中和打工子弟中学各选取 1 名老师，共 8 名流动儿童和 2 名班主任老师作为本次访谈的样本。访谈由课题组的两位成员承担，一位成员负责对流动儿童的一对一访谈，另一位成员负责对老师的一对一访谈。访谈地点设在每所学校提供的独立办公室，要求环境尽量安静、无其他人在场。在征得受访者同意的情况下，正式访谈开始时用录音笔进行录音，访谈结束后由访谈者将录音转化成电子文档，随后进行编码分析和质性内容分析。

（六）结果分析和报告撰写

对回收问卷数据和访谈资料进行分析，结合相关理论和已有研究成果，撰写研究报告。研究报告主要展现流动儿童的父母教养方式、流动儿童的社会支持、流动儿童人格特征及其影响因素、流动儿童心理韧性及其影响因素、流动儿童行为适应及其影响因素、流动儿童心理健康及其影响因素、流动儿童与城市儿童在心理发展和社会适应方面的差异、访谈研究等部分。通过分析提出对流动儿童心理发展和社会适应影响较大的因素，为建构切实可行的流动儿童教育方案提供实证依据。

七、研究工具

（一）个人基本信息

（1）性别：分男生、女生两种类别，请被试选取其中一项。
（2）年级：由被试自己填写。
（3）年龄：由被试自己填写。
（4）学校名称：由被试自己填写。
（5）是否独生：分是、否两种类别，请被试选取其中一项。
（6）户籍是否在广州市（贵阳市）：分是、否两种类别，请被试选择其中一项。

（7）来广州（贵阳）的时间：分 4 种类别（不到一年、一年至三年、三年以上、从小就一直在这个城市），请被试选择其中一项。

（8）家庭性质：分 4 种类别（单亲家庭、再婚家庭、正常家庭、不清楚），请被试选择其中一项。

（二）简式父母教养方式问卷中文版

采用 Arrindell 等人（1999）编制，蒋奖、鲁峥嵘、蒋苾菁等人所修订的简式父母教养方式问卷中文版[①]，该问卷共有 42 个项目，分为父亲版和母亲版两部分，每部分项目完全一致，均包括拒绝、情感温暖和过度保护三个维度（即父亲拒绝维度、父亲情感温暖维度、父亲过度保护维度；母亲拒绝维度、母亲情感温暖维度、母亲过度保护维度），项目数量分别为 6 个、7 个和 8 个，其中第 15 个项目反向计分。问卷采用 4 级评分，1 表示"从不"、2 表示"偶尔"、3 表示"经常"、4 表示"总是"。研究者修订后的简式父母教养方式问卷中文版具有良好的信度和效度，比较符合心理测量学的标准。在本研究中，父亲拒绝维度、父亲情感温暖维度、父亲过度保护维度的内部一致性信度分别为 0.77、0.84 和 0.64；母亲拒绝维度、母亲情感温暖维度、母亲过度保护维度的内部一致性信度分别为 0.77、0.84 和 0.65。

（三）社会支持评定量表

该问卷由研究者本人在肖水源所编制的社会支持评定量表的基础上修订而成[②]，原量表共 10 个项目，分为主观支持、客观支持和对支持的利用度三个维度。我们将部分用词进行了修改，使修订后的量表内容更适合于儿童的实际情况，如将配偶改为家人、其他家

---

① 蒋奖,鲁峥嵘,蒋苾菁等：《简式父母教养方式问卷中文版的初步修订》，《心理发展与教育》，2010，26（1）：94-99 页。

② 肖水源：《社会支持评定量表》，《中国心理卫生杂志》，1999（增刊）：127-131 页。

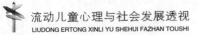

人改为老师、同事改为同学、工作单位改为学校、宗教组织改为团组织、工会改为少先队等。

本研究修订后的社会支持评定量表项目总数不变，量表结构和计分方法保持不变，同样分为主观支持、客观支持和对支持的利用度三个维度，各维度得分越高，代表儿童所获得的主观支持、客观支持和对支持的利用度水平越高。本研究中，修订后总量表的内部一致性信度为 0.75，三个维度的内部一致性信度分别为 0.67、0.70、0.68。

（四）核心自我评价量表

核心自我评价是一种深层的人格结构，包括自尊、控制点、神经质和一般自我效能感等四种人格特质。本研究采用 Judge 等人（2003）编制[1]，杜建政、张翔、赵燕（2012）修订的中文版核心自我评价量表[2]，用于直接测量儿童的核心自我评价水平。

核心自我评价中文版量表共包括 10 个项目，其中 6 个项目反向计分，采用李克特 5 级评分，1 代表完全不符合，5 代表完全符合，由 1 到 5 符合程度由低到高，得分越高，代表儿童对自己的核心自我评价水平越高。本研究中，该量表的内部一致性信度为 0.77。

（五）青少年心理韧性量表

本研究采用胡月琴等人编制的心理韧性量表[3]。原量表共包括 27 个项目，分为个人力和支持力两个二阶因素。考虑到心理韧性主要是指个人方面的特质或能力，且儿童的家庭和社会支持状况已经采用其他研究工具进行调查，而总的调查问卷又不宜过长，故本研

---

① Judge T A, Erez A, Bono J E, et al.. *The core self - evaluations scale: Development of a measure. Personnel Psychology*, 2003, 56(2): p303-331.

② 杜建政，张翔，赵燕：《核心自我评价的结构验证及其量表修订》，《心理研究》，2012，5（3）：54-60 页。

③ 胡月琴，甘怡群：《青少年心理韧性量表的编制和效度验证》，《心理学报》，2008，40（8）：902-912 页。

究只采用心理韧性量表中个人力因素的项目。该部分量表共包括 15 个项目，李克特 5 级评分，包括目标专注（5 个项目）、情绪控制（6 个项目，其中 5 个项目反向计分）和积极认知（4 个项目）等 3 个因子，得分越高，代表个体的心理韧性水平越高。本研究中，总量表的内部一致性信度为 0.74，三个因子的内部一致性信度分别为 0.64、0.73、0.65。

（六）学习适应问卷

本研究采用崔娜编制的初中生学校适应问卷中的学习适应分问卷[①]。该部分问卷共包括 5 个项目，其中 2 个项目反向计分，采用李克特 5 级评分，1 代表"完全不符合"，5 代表"完全符合"，由 1 到 5 符合程度由低到高，得分越高，代表儿童的学习适应程度越好。本研究中，学习适应问卷的内部一致性信度为 0.70。

（七）问题行为问卷

本研究以葛娟编制的学业不良儿童问题行为问卷为基础[②]，邀请两名流动儿童教师从中选择 10 种具有代表性的问题行为作为本研究"问题行为问卷"的项目。采用李克特 5 级评分，1 代表"几乎总是"、2 代表"经常"、3 代表"有时"、4 代表"很少"、5 代表"从不"。所有 10 个项目均为反向计分，得分越高，代表儿童的问题行为也越多。探索性因素分析共抽取两个特征根大于 1 的因子，分别命名为品行与违纪行为、敌意与破坏行为。本研究中，该问卷整体的内部一致性信度为 0.74，品行与违纪行为因子的内部一致性信度为 0.70、敌意与破坏行为因子的内部一致性信度为 0.68。

---

① 崔娜：《初中生学习适应与自我概念的相关研究》，西南大学，2008。
② 葛娟：《学业不良儿童问题行为与社会支持的关系研究》，北京师范大学，2008。

（八）儿童抑郁量表

本研究采用 Kovacs 编制的儿童抑郁量表(Children's Depression Inventory，CDI)[①]。该量表共 27 个项目，采用 0，1，2 三级评分，分别代表相应症状"偶尔"、"经常"和"总是"出现的频率，其中 13 个项目反向计分。总分在 0～54 分，得分越高，代表儿童的抑郁程度越高，并依据量表常模，将 CDI 评分在 19 分及以上者界定为有抑郁症状。本研究中，该量表的内部一致性信度为 0.84。

（九）儿童孤独量表

本研究采用刘平编制的儿童孤独量表（Children's Loneliness Scale，CLS ）[②]。该量表共 24 个项目，其中 16 个项目用于评定儿童的独孤感（其中 10 个项目反向计分），8 个项目为补充项目，采用李克特 5 级评分，从 1 到 5 分别代表"一直如此""经常如此""有时如此""偶尔如此"和"绝非如此"。对 16 个项目得分累加，得分越高，代表儿童的孤独程度越高。本研究中，该量表的内部一致性信度为 0.85。

八、共同方法偏差控制

使用自我报告的问卷调查所收集的数据可能导致共同方法偏差，为尽量避免共同方法偏差所带来的虚假效应，本研究从以下几个方面进行控制：① 尽量选用成熟的量表或问卷作为测量工具，尽可能提高研究的信度和效度；② 尽量保证施测过程的标准化，主试进行统一培训，按照标准步骤施测问卷；③ 采用匿名方式进行调查，尽量减少被试的社会赞许性，保证调查的真实性；④ 部分调查问题采用反向计分方式；⑤ 数据收集整理之后，根据 Podsakoff，

---

① 王君:《中小学生抑郁症状现状及其认知行为干预研究》，安徽医科大学，2009。

② 刘平:《儿童孤独量表》,《中国心理卫生杂志》，1999（增刊）：303-304 页。

Mackenzie 和 Lee 等人（2003）的建议，使用 Harman 单因素分析法对共同方法偏差进行检验，同时对所有变量的所有项目进行未旋转的主成分因素分析。"假如得到多个特征根大于 1 的因子，且第一个因子所解释的方差变异量不超过 40%，就表明共同方法偏差的问题并不严重"[①]。结果发现，特征根大于 1 的因子有 28 个，第一因子的方差解释量为 15.48%，远低于 40% 的临界标准。基于以上控制和检验方法，我们认为本研究中的共同方法偏差并不明显。

九、数据分析方法

本研究主要使用三种软件进行调查数据的量化分析和访谈内容的质性分析。第一，使用 SPSS16.0 软件对问卷调查数据进行描述性分析、信度分析、t 检验、卡方检验、方差分析、相关分析、回归分析、因素分析和调节效应的检验；第二，使用 AMOS6.0 软件进行结构方程模型分析、路径分析和中介效应的检验；第三，使用 Nvivo10 软件对访谈内容进行质性分析。

---

① Podsakoff, Philip M., et al.. *Common method biases in behavioral research: a critical review of the literature and recommended remedies. Journal of applied psychology*, 2003, 88(5): pp879-903.

第三章 城市流动儿童父母教养方式研究

一、父母教养方式研究概述

父母教养方式是父母抚养和教育子女的过程中逐渐形成和发展起来的行为风格，也是父母对子女的各种教养态度、教养行为和情感表现的概括。父母教养方式是儿童社会化的重要影响因素，对儿童心理发展的影响巨大。因此，其研究意义也十分重大。

国外学者 Schaefer（1959）提出父母教养方式有三个维度，分别是接纳—拒绝、心理自主—心理受控、严厉—放纵；Pumory（1966）将父母教养方式归纳总结为四种：保护型、严厉型、拒绝型和放纵型；Baumrind（1967）将父母的教养方式分为权威型、宽容型和专制型三种。不少研究结论都认为，与专制型、宽容型家庭相比，权威型家庭的孩子更加成熟和独立，具有更多的社会责任感和成就倾向，虽然权威型父母和专制型父母都是对儿童加以限制，但权威型的限制是"严格而合理的"，但专制型的限制是"无目的、不合理甚至是惩罚性的"[①]。

国内研究发现，父母教养方式与青少年的心理健康之间存在显著相关，在父母教养方式良好的情况下，青少年出现心理问题的比率较小，而在不良教养方式的影响下，青少年出现心理问题的概率较大（葛静霞，2007）。父母教养方式是影响儿童人格特征的重要因素，父母给予儿童的情感温暖越多，儿童越易于形成外向性格、情

---

① 陈陈：《家庭教养方式研究进程透视》，《南京师范大学学报（社会科学版）》，2002（6）：95-103 页。

绪也更加稳定（姚梅玲等，2007）。父母教养方式对学习不良儿童孤独感的形成有着重要的影响（李艳红，2005），学习不良儿童的父母教养方式与一般儿童的父母教养方式存在差异，具体表现在：学习不良儿童的父母表现更为消极，所提供的情感支持更少，对孩子的态度更多是拒绝和否认，缺少接纳和认同（谷长芬等，2009）。父母教养方式对儿童社交焦虑也有着显著的预测作用（郭龙，2011）。

在流动儿童的父母教养方式问题上，有研究发现，流动儿童与本地儿童的父母教养方式存在差异，主要表现在父亲情感温暖理解、父亲严厉惩罚、母亲情感温暖等三个方面，具体而言，流动儿童对于父、母情感温暖的感受低于本地儿童，但对于父亲严厉惩罚的感受要高于本地儿童（孙懿俊，2009；陈丹群，2009）。同时，流动儿童的父母教养方式与儿童的欺负行为以及心理健康状况存在密切联系，从班杜拉的社会学习理论来看，不良的家庭教养方式、亲子间的情感冷漠、家庭氛围及父母消极的社会问题解决方式都会导致儿童攻击行为的增加。欺负者的父母教养特点表现为：父母对孩子更多的是惩罚、拒绝和否认，较少得到父亲的情感温暖和理解；受欺负者的父母教养方式特点是：亲子之间情感联系密切，但对孩子有着过分保护和过分干涉（曹薇，罗杰，2013）。

由于在临床实践和社会观察中发现，儿童的人格和社会适应能力与父母的教养方式关系密切，因此，编制一套全面而深入的评价父母教养方式的测评工具尤为重要。瑞典 Umea 大学 Carlo Perris 等人于 1980 年编制了评价父母教养态度和行为的问卷：父母教养方式评价量表（Egna Minnen av Barndoms Uppfostran-own memories of parental rearing practice in childhood，EMBU）。标准版的 EMBU 包括四个维度：拒绝、情感温暖、过度保护和偏爱被试，由父亲和母亲两部分组成，各 81 个项目，通过让被试回忆自己在成长过程中父母对待自己的方式来评估父母的教养方式。EMBU 由于具有良好的信度和效度，在很多国家得到了修订和广泛的应用。但由于标准版 EMBU 项目过多，被试在答题过程中容易出现疲劳和漏答情况，研究者一直试图缩短量表长度。Arrindell 等人（1999）从标准版 EMBU

中抽取出 46 个项目，形成了简式父母教养方式问卷（s-EMBU），只包括拒绝、情感温暖和过度保护三个维度。修订后的 s-EMBU 信效度良好，且便于操作和测评，也得到了广泛应用。

EMBU 在国内最早由岳冬梅等人于 1993 年进行了修订，修订后的中文版 EMBU 共有 115 个项目，父亲教养方式有 6 个维度（58 个项目）、母亲教养方式有 5 个维度（57 个项目）。s-EMBU 由蒋奖等人于 2010 年进行了修订，修订后的中文版 s-EMBU 有 42 个项目，父亲版和母亲版各 21 个项目，均包括拒绝、情感温暖和过度保护三个维度。中文版 EMBU 和 s-EMBU 均具有良好的信度和效度。

父母教养方式是家庭教育中的一个重要因素，可能对流动儿童的心理发展和社会适应产生广泛而深远的影响。虽然有研究表明流动儿童的父母教养方式存在一些问题，但相关研究还相对较少，现有的研究成果多来自简单的群体比较，系统研究比较少见。为深入分析流动儿童心理发展和社会适应的状况及影响因素，本研究采用问卷调查法探讨城市流动儿童父母教养方式的特点与规律，并依据访谈的部分结果分析流动儿童父母教养方式的现状及原因，在此基础上，尝试提出一些改善父母教养方式的措施或建议。

由于简式父母教养方式问卷（s-EMBU）与父母教养方式评价量表（EMBU）相比，具有操作简便、项目数量较少、父母亲版本维度一致等优点，本研究采用蒋奖等人（2010）修订的中文版简式父母教养方式问卷（s-EMBU）作为流动儿童父母教养方式的测评工具。该问卷共包括 42 个项目，采用 4 级评分，问卷分为 6 个维度：即父亲拒绝维度、父亲情感温暖维度、父亲过度保护维度；母亲拒绝维度、母亲情感温暖维度、母亲过度保护维度，通过让儿童回忆父母对待自己的方式来进行评估。在本次研究中，父亲拒绝维度、父亲情感温暖维度、父亲过度保护维度的内部一致性信度分别为 0.77、0.84 和 0.64；母亲拒绝维度、母亲情感温暖维度、母亲过度保护维度的内部一致性信度分别为 0.77、0.84 和 0.65，基本符合心理测量学要求。

被试样本的基本情况如表 2-1、2-2 所示，其中流动儿童 798 人

（含打工子弟学校就读流动儿童 530 人，公立学校就读流动儿童 268 人），本地儿童 172 人。

二、研究结果与分析

（一）流动儿童父母教养方式的总体状况

对流动儿童父母教养方式 6 个维度的得分情况进行描述性统计分析，具体结果如表 3-1 所示。

表 3-1　流动儿童父母教养方式各维度得分的描述性统计分析

	n	最低分	最高分	平均数	标准差
父亲拒绝维度	734	6	24	10.28	3.43
父亲情感温暖维度	752	7	28	18.75	4.93
父亲过度保护维度	713	8	32	17.74	3.92
母亲拒绝维度	730	6	24	10.54	3.49
母亲情感温暖维度	752	7	28	19.36	4.92
母亲过度保护维度	716	8	32	18.78	3.98

由于不同维度的项目数量不同，故无法将父母教养方式中的不同维度进行直接比较，但可以将父亲和母亲的同一种教养方式进行比较。

本研究采用配对样本 t 检验分别对流动儿童的父亲、母亲拒绝维度，父亲、母亲情感温暖维度，父亲、母亲过度保护维度的得分情况进行比较，具体结果如表 3-2 所示。

表 3-2　流动儿童父亲、母亲教养方式各维度得分配对样本 t 检验

	n	平均数	标准差	t 值	P 值
父亲拒绝维度	711	10.29	3.43	−2.18	0.030
母亲拒绝维度	711	10.51	3.48		
父亲情感温暖维度	735	18.76	4.93	−5.99	0.000
母亲情感温暖维度	735	19.39	4.93		
父亲过度保护维度	692	17.72	3.93	−10.49	0.000
母亲过度保护维度	692	18.74	3.96		

从表 3-2 的结果来看，母亲拒绝维度得分显著高于父亲拒绝维度得分（$t = 2.18$，$P = 0.030$），母亲情感温暖维度得分显著高于父亲情感温暖维度得分（$t = 5.99$，$P = 0.000$），母亲过度保护维度得分显著高于父亲过度保护维度得分（$t = 10.49$，$P = 0.000$）。结果表明，在流动儿童的成长过程中，一方面，母亲对子女的情感温暖与关怀显著高于父亲；另一方面，母亲对子女的拒绝、惩罚、限制和过度的保护也显著高于父亲。也就是说，相对于父亲而言，母亲对流动儿童子女的关心与关爱及所付出的精力较多，但不良的教养方式也相对比较突出。

一方面，由于母亲和子女之间所存在的直接生育和养育关系，加之流动儿童父亲的工作可能更加繁忙，一般情况下，相对父亲而言，母亲对子女的情感关怀和亲情关爱相对较多，流动儿童所感受到的来自于母亲的情感温暖高于父亲。另一方面，由于流动儿童父母的教育文化水平相对较低，为了更好地在城市生活，他们更多地会将自己的时间与精力放在工作赚钱上面，没有时间与孩子进行沟通、交流。流动儿童父母在子女教养的方式或技巧上也往往存在一定的问题，他们可能会忽视流动儿童的情感需求和心理需求，造成流动儿童父母和子女之间在精神层面或内心的情感交流相对较少，更多的是关注一些外在事物（穿衣、吃饭）、身体健康状况或学习问题。

在访谈中，我们也发现了类似的问题。如流动儿童小唐在被问到父母是否关心自己的时候说："会关心我的学习和我的生活。一回到家，有什么作业，他们总是会先问我你有什么作业，你作业做完了吗？总是会第一个关心我的学习。生活方面也会，比如说今天天气凉了，爸爸妈妈就会说，嗯，今天降温，你应该多穿一点衣服的。"流动儿童小方说："我妈妈对我特别好，每天她回家，不管再晚再累，她都会问我作业的完成情况，给我签字，检查一下。"流动儿童小刘说："我每天回家，他们会问我的作业做完没有，有时候天气凉了，会问我穿衣服、冷不冷什么的。"流动儿童小明在被问到父母关心自己的哪些方面时说："主要是学习方面，如果我感冒了，他们会带我去医院。"

　　流动儿童父母对其子女的这种情感关怀的方式相对简单，有时甚至还采取拒绝、限制或过度保护的教养方式，借此来表达自己对孩子的关爱，但结果却适得其反。流动儿童小明在被问到与父母亲的关系如何时说："平时我一做错事妈妈就打我，但我觉得还是我错了。"小明母亲的教养方式具有一定的代表性，很多流动儿童的父母不懂得采用细腻的情感温暖方式关爱孩子，不懂得与孩子进行精神或情感层面的交流与沟通，或觉得难为情、说不出口，就直接采用批评、打骂和管教等一些粗暴的行为方式来表示自己对孩子的爱。因此，流动儿童父母虽然对孩子的关爱很多，但这种表达爱的方式存在一些问题，不良的教养方式比较明显。

（二）流动儿童与本地儿童父母教养方式的差异

　　流动儿童与本地儿童的父母教养方式是否存在差异是我们较为关注的问题之一。本研究采用单因素方差分析分别对两类流动儿童（打工子弟学校和公立学校）和本地儿童的 6 种父母教养方式进行逐一比较。

　　1. 两类流动儿童、本地儿童的父亲拒绝维度得分差异

　　如表 3-3 所示，两类流动儿童、本地儿童的父亲拒绝维度得分存在显著性差异（$F = 3.68$，$P = 0.026$），从父亲拒绝维度得分碎石图（见图 3-1）来看，打工子弟学校流动儿童的父亲拒绝维度得分最高，公立学校流动儿童的父亲拒绝维度得分居中，公立学校本地儿童的父亲拒绝维度得分最低。

表 3-3　两类流动儿童、本地儿童父亲拒绝维度得分单因素方差分析

儿童类别	平均数	标准差	F 值	P 值
打工子弟学校 流动儿童 ①	10.41	3.49		
公立学校 流动儿童 ②	10.04	3.28	3.68	0.026
公立学校 本地儿童 ③	9.57	3.61		
LSD 事后多重比较	① > ③			

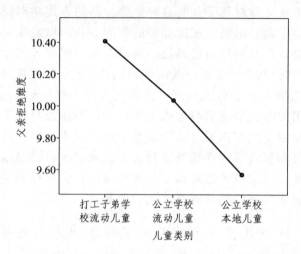

图 3-1 两类流动儿童、本地儿童父亲拒绝维度得分碎石图

进一步采用 LSD 法（最小显著差异法）进行事后多重比较，结果表明，打工子弟学校流动儿童的父亲拒绝维度得分显著高于本地儿童的父亲拒绝维度得分（平均数差异 = 0.84，$P = 0.009$）；本地儿童与公立学校流动儿童的父亲拒绝维度得分、两类流动儿童之间的父亲拒绝维度得分差异均不显著（$P > 0.05$）。

2. 两类流动儿童、本地儿童的父亲情感温暖维度得分差异

如表 3-4 所示，两类流动儿童、本地儿童的父亲情感温暖维度得分存在显著性差异（$F = 3.65$，$P = 0.027$），从父亲情感温暖维度得分碎石图（见图 3-2）来看，打工子弟学校流动儿童的父亲情感温暖维度得分最低，公立学校流动儿童的父亲情感温暖维度得分居中，公立学校本地儿童的父亲情感温暖维度得分最高。

LSD 事后多重比较结果表明，除本地儿童的父亲情感温暖维度得分显著高于打工子弟学校流动儿童的父亲情感温暖维度得分（平均数差异 = 1.14，$P = 0.011$）之外，其他儿童群体之间的父亲情感温暖维度得分差异并不显著（$P > 0.05$）。

表 3-4 两类流动儿童、本地儿童父亲情感温暖维度得分单因素方差分析

儿童类别	平均数	标准差	F 值	P 值
打工子弟学校 流动儿童 ①	18.55	4.92		
公立学校 流动儿童 ②	19.17	4.95	3.65	0.027
公立学校 本地儿童 ③	19.69	5.38		
LSD 事后多重比较	③ > ①			

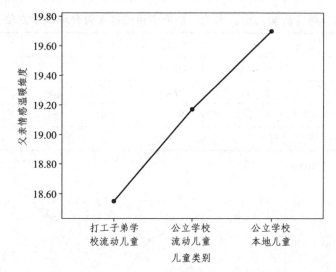

图 3-2 两类流动儿童、本地儿童父亲情感温暖维度得分碎石图

3. 两类流动儿童、本地儿童的父亲过度保护维度得分差异

方差分析结果显示，两类流动儿童、本地儿童的父亲过度保护维度得分差异并不显著（$F = 1.08$，$P = 0.341$），也就是说，两类流动儿童与本地儿童的父亲在过度保护这一教养方式上没有显著性差异（见表 3-5）。

表 3-5 两类流动儿童、本地儿童父亲过度保护维度得分单因素方差分析

儿童类别	平均数	标准差	F 值	P 值
打工子弟学校 流动儿童	17.79	3.96		
公立学校 流动儿童	17.64	3.83	1.08	0.341
公立学校 本地儿童	17.25	4.38		

4. 两类流动儿童、本地儿童母亲拒绝维度的得分差异

如表 3-6 所示，两类流动儿童、本地儿童的母亲拒绝维度得分也存在显著性差异（$F = 3.30$，$P = 0.037$）。从得分趋势上来看，打工子弟学校流动儿童的母亲拒绝维度得分最高，公立学校流动儿童的母亲拒绝维度得分居中，公立学校本地儿童的母亲拒绝维度得分最低，如图 3-3 所示。

表 3-6　两类流动儿童、本地儿童母亲拒绝维度得分单因素方差分析

儿童类别	平均数	标准差	F 值	P 值
打工子弟学校　流动儿童　①	10.61	3.57		
公立学校　流动儿童　②	10.40	3.34	3.30	0.037
公立学校　本地儿童　③	9.79	3.60		
LSD 事后多重比较	① > ③			

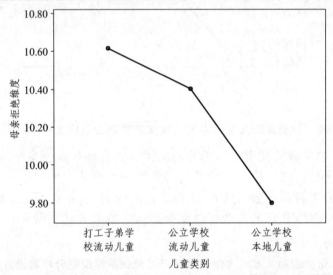

图 3-3　两类流动儿童、本地儿童母亲拒绝维度得分碎石图

LSD 事后多重比较结果表明，打工子弟学校流动儿童的母亲拒绝维度得分显著高于本地儿童的母亲拒绝维度得分（平均数差异 =

0.82，$P = 0.010$）；公立学校流动儿童与本地儿童的母亲拒绝维度得分差异边缘显著（平均数差异 = 0.61，$P = 0.089$）。

　　5. 两类流动儿童、本地儿童母亲情感温暖维度的得分差异

　　如表 3-7 所示，两类流动儿童、本地儿童的母亲情感温暖维度得分存在显著性差异（$F = 9.21$，$P = 0.000$），从得分趋势上来看，打工子弟学校流动儿童的母亲情感温暖维度得分最低，公立学校流动儿童的母亲情感温暖维度得分居中，公立学校本地儿童的母亲情感温暖维度得分最高（见图 3-4）。

表 3-7　两类流动儿童、本地儿童母亲情感温暖维度得分单因素方差分析

儿童类别	平均数	标准差	F 值	P 值
打工子弟学校　流动儿童　①	19.04	5.02		
公立学校　流动儿童　②	20.00	4.66	9.21	0.000
公立学校　本地儿童　③	20.83	5.04		
LSD 事后多重比较	③ > ①；② > ①			

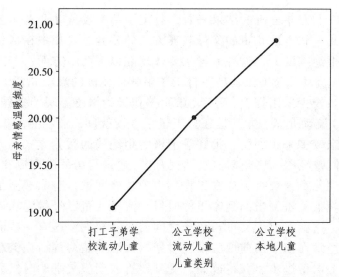

图 3-4　两类流动儿童、本地儿童母亲情感温暖维度得分碎石图

LSD 事后多重比较结果表明，本地儿童、公立学校流动儿童的母亲情感温暖维度得分均显著高于打工子弟学校流动儿童的母亲情感温暖维度得分（平均数差异 = 1.79，$P = 0.000$；平均数差异 = 0.96，$P = 0.012$）。公立学校流动儿童与本地儿童的母亲情感温暖维度得分差异边缘显著（平均数差异 = 0.83，$P = 0.096$）。

6. 两类流动儿童、本地儿童母亲过度保护维度的得分差异

方差分析结果显示，两类流动儿童、本地儿童的母亲过度保护维度得分差异不显著（$F = 0.43$，$P = 0.651$），两类流动儿童与本地儿童的母亲在过度保护这一教养方式上没有显著性差异（见表 3-8）。

表 3-8　两类流动儿童、本地儿童母亲过度保护维度得分单因素方差分析

儿童类别	平均数	标准差	F 值	P 值
打工子弟学校 流动儿童	18.79	3.91		
公立学校 流动儿童	18.75	4.12	0.43	0.651
公立学校 本地儿童	18.45	4.40		

从以上方差分析的结果来看，打工子弟学校流动儿童、公立学校流动儿童和本地儿童的父母教养方式的差异主要集中在情感温暖维度和拒绝维度上，这种差异主要体现在以下两个方面：

（1）流动儿童（尤其是在打工子弟学校就读的流动儿童），其父亲和母亲较少采用赞美、亲密、鼓励等积极的情感温暖的教养方式。

（2）流动儿童（尤其是在打工子弟学校就读的流动儿童），其父亲和母亲较多采用惩罚、批评等消极的拒绝式的教养方式。

我们曾经深入广州某流动居民社区,通过与居民的交流和观察，发现流动儿童家长每天通常工作到很晚才能回家，有的甚至是白天睡觉，晚上上班，当回到家里的时候，流动儿童已经做完功课或睡觉休息，这就造成了父母与孩子之间交流的缺失，还有一些流动儿童父母经常在孩子面前说脏话、吵架、喝酒、赌博等，当流动儿童在学习上取得进步、获得成绩，受到挫折或期望奖励的时候，其父母不善于或很少表达自己的情感关怀；当流动儿童在学习上未取得

满意的成绩、违反学校纪律或出现比较贪玩、晚归等情况时，父母常以责骂、体罚等方式予以处理，希望通过这种方式给予警告或急于改变现状。本研究这一结果与孙懿俊（2009），陈丹群（2009）等人的研究结论比较一致。

此外，还有一些流动儿童父母表现出一种"想管但不会管"以及"想管但管不好"的现象，我们常说，"可怜天下父母心"，不少流动儿童对孩子的爱其实并不少于城市儿童家长，但由于自身教育文化水平的限制，不知道该如何管理和教育，或者根据自己成长的有限经验，诸如"棍棒底下出孝子"，对孩子的教育方式多以简单的体罚为主，这也导致了流动儿童对于父母的惩罚和拒绝感受要高于本地儿童。

在访谈的一个案例中，当流动儿童小唐被问到对爸爸妈妈有什么期望时说："期望啊，期望就是我的爸爸妈妈就是在我，就是在，哎，怎么说呢，也不是对他们有很大的期望，就是在我考试考得不好的时候他们可以经常鼓励我一下，因为考试考不好他们总是非常严厉地对我。就非常严厉地说我，啊，你这次没有考好啊什么什么的，我希望他们多鼓励我一下，不要总是责备我，说你看你这次考试又考砸了什么的。有的时候，比如说是一点小小的过失，因粗心而不小心犯错，他们就会对我凶，或是批评我，让我改掉粗心的坏毛病，可能（他们）对我太严格了。"上述案例中，小唐父母的教养方式比较典型，即情感温暖过少，而惩罚和批评过多。流动儿童父母教养方式与本地儿童父母教养方式的这种差异会对儿童的心理发展和社会适应产生何种影响，我们将在后续章节中继续进行探讨。

（三）流动儿童父母教养方式的性别差异

对不同性别的流动儿童父母教养方式进行独立样本 t 检验，结果发现，男、女不同性别的流动儿童在父亲拒绝维度和父亲过度保护维度上存在显著性差异（$P < 0.05$），在其他父母教养方式上的差异并不显著（$P > 0.05$）。结果见表 3-9。

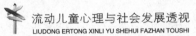

表 3-9　不同性别的流动儿童父母教养方式得分独立样本 *t* 检验

维　度	性别	*n*	平均数	标准差	*t* 值	*P* 值
父亲拒绝维度	男	408	10.69	3.44	3.94	0.000
	女	296	9.66	3.34		
父亲情感温暖维度	男	415	18.62	4.74	−1.12	0.265
	女	303	19.05	5.25		
父亲过度保护维度	男	402	17.98	3.88	2.08	0.037
	女	290	17.34	3.93		
母亲拒绝维度	男	405	10.68	3.52	1.22	0.223
	女	294	10.35	3.46		
母亲情感温暖维度	男	415	19.30	4.81	−0.58	0.560
	女	305	19.52	5.12		
母亲过度保护维度	男	401	18.98	3.79	1.56	0.119
	女	294	18.48	4.19		

从表 3-9 可以看出，男孩的父亲拒绝维度得分显著高于女孩的父亲拒绝维度得分（*t* = 3.94，*P* = 0.000），男孩的父亲过度保护维度得分也显著高于女孩的父亲过度保护维度得分（*t* = 2.08，*P* = 0.037）。这种结果反映出，与女孩相比，流动儿童父亲对男孩的不良教养方式更加突出，对男孩的惩罚、拒绝和批评的教养方式较多。

传统上，人们往往认为男性比女性更加勇敢、坚强、耐受力和抗挫折力较强，这种刻板印象导致父母对待子女的方式存在一定差异。男孩比较坚韧、刚强，在其犯错误时，父母往往打骂多一些；而女孩比较柔弱、温柔，所以在其犯同样的错误时，父母往往说教多一些。流动儿童父母对待不同性别儿童的教养方式差异反映出一定程度的性别刻板形象。

（四）独生与非独生流动儿童父母教养方式的差异

对独生与非独生的流动儿童父母教养方式进行独立样本 *t* 检验，结果发现，独生与非独生的流动儿童在父亲情感温暖维度、母亲拒绝维度和母亲情感温暖维度上存在显著性差异（$P < 0.05$），在其他父母教养方式上的差异不显著（$P > 0.05$）。具体结果见表 3-10。

表 3-10　独生与非独生的流动儿童父母教养方式得分独立样本 t 检验

维　　度	独生性质	n	平均数	标准差	t 值	P 值
父亲拒绝维度	独生	102	9.87	3.15	-1.26	0.207
	非独生	632	10.33	3.46		
父亲情感温暖维度	独生	103	20.02	5.01	2.75	0.006
	非独生	646	18.59	4.87		
父亲过度保护维度	独生	102	17.23	3.84	-1.41	0.160
	非独生	628	17.82	3.92		
母亲拒绝维度	独生	102	9.85	3.37	-2.15	0.032
	非独生	626	10.65	3.50		
母亲情感温暖维度	独生	107	20.36	5.30	2.29	0.022
	非独生	643	19.18	4.85		
母亲过度保护维度	独生	106	18.79	3.99	0.03	0.976
	非独生	628	18.78	3.98		

表 3-10 显示，在父亲情感温暖维度上，独生流动儿童得分显著高于非独生流动儿童得分（$t = 2.75$，$P = 0.006$）；在母亲拒绝维度上，非独生流动儿童得分显著高于独生流动儿童得分（$t = 2.15$，$P = 0.032$）；在母亲情感温暖维度上，独生流动儿童得分显著高于非独生流动儿童得分（$t = 2.29$，$P = 0.022$）。研究结果提示，与非独生流动相比，父亲、母亲对独生流动儿童的教养方式都比较积极，在其成长过程中表现出更多的情感温暖和亲情关怀，同时，母亲对独生流动儿童的批评和拒绝较少，更能满足流动儿童的需求。这一结果与郑立新（2001）等人针对普通儿童的研究结论比较相似，即"独生子女家

庭父母采用情感温暖的教养方式明显高于非独生子女组"[1]。

由于独生子女是父母唯一的孩子，在其成长过程中往往能够得到更多的关爱和呵护，双方的情感交流较多。父母出于"独苗难栽"的心理，对独生子女的要求会尽量满足，并将全部希望寄托在独生子女身上，批评或拒绝相对较少，关爱和呵护相对较多。因此，从整体上来看，流动儿童独生子女的父母教养方式优于非独生子女的父母教养方式。

（五）流动儿童父母教养方式的城市差异

对不同城市流动儿童父母教养方式进行独立样本 t 检验，结果发现，广州和贵阳地区的流动儿童在父亲情感温暖维度、母亲情感温暖维度上存在显著性差异（ $P < 0.01$ ），在其他父母教养方式上的差异均不显著（ $P > 0.05$ ）。结果见表 3-11。

表 3-11　不同城市的流动儿童父母教养方式得分独立样本 t 检验

维　度	城市	n	平均数	标准差	t 值	P 值
父亲拒绝维度	广州	271	10.35	3.77	0.41	0.685
	贵阳	463	10.24	3.21		
父亲情感温暖维度	广州	283	19.39	4.98	2.75	0.006
	贵阳	469	18.37	4.87		
父亲过度保护维度	广州	270	17.73	4.09	- 0.05	0.958
	贵阳	443	17.75	3.81		
母亲拒绝维度	广州	273	10.45	3.73	- 0.53	0.598
	贵阳	457	10.59	3.34		
母亲情感温暖维度	广州	284	20.12	5.06	3.32	0.001
	贵阳	468	18.89	4.78		
母亲过度保护维度	广州	268	18.69	4.11	- 0.44	0.658
	贵阳	448	18.83	3.90		

---

[1] 郑立新，彭金维，奚燕娟：《独生与非独生子女家庭父母养育方式的比较研究》，《中国儿童保健杂志》，2001，9（3）：159-161 页。

表 3-11 显示，在父亲情感温暖维度、母亲情感温暖维度上，广州地区的流动儿童得分显著高于贵阳地区的流动儿童得分（ $t = 2.75$ ， $P = 0.006$ ； $t = 3.32$ ， $P = 0.001$ ）。结果表明，虽然两地流动儿童父母在不良教养方式上并无明显差异，但在情感温暖这一积极的教养方式上，广州地区的流动儿童父母较贵阳地区的流动儿童父母表现更好，对子女的关怀、慰藉和情感支持也更多。

父母教养方式与父母的社会经济地位、教育文化水平有着较为密切的关系，父母的社会经济地位不同、教育文化水平不同，其教养方式和教养观念也存在差异，社会经济地位和教育文化水平较高的父母和儿童言语交流较多，对孩子的情感投入也相对较多。广州位列我国一线城市，经济发达，社会化和社会服务水平较高，学校心理健康教育及师资力量较强。如广东省教育厅早在 2001 年就规定所有中小学教师（无论公立学校或私立学校）必须具备心理健康教育资格证书（A 证、B 证或 C 证，其中"A 证"是中小学校心理健康教育主管领导、心理健康教育专职教师必须具备的心理健康教育资格证书；"B 证"是中小学心理健康教育兼职教师必须具备的心理健康教育资格证书；"C 证"是中小学心理健康教育初级资质证明，广东省教育厅规定所有中小学教师必须具备的心理健康教育资格证书），持证上岗，各学科教师均掌握了一定的心理健康教育知识，这一举措有效地促进和提升了中小学心理健康教育工作的科学化和规范化。通过各学科教师与家长平时的沟通与交流，将心理健康教育的理念进行传递，会对流动儿童父母的教养方式和教养观念产生一些潜移默化的影响。此外，经济发达地区的可支配收入水平较高、家庭教育信息传递和观念传播相对较快，家庭教育社会文化氛围相对较好，这些因素可能也会影响到流动儿童的父母教养方式和教养观念。

（六）流动儿童年龄与父母教养方式的关系

由于流动儿童的年龄和父母教养方式得分均是连续变量，因此，我们使用皮尔逊积差相关考察年龄变量与父母教养方式变量的相关

情况（见表 3-12）。

表 3-12　流动儿童年龄与父母教养方式的相关分析结果（r）

变量	父亲拒绝维度	父亲情感温暖维度	父亲过度保护维度	母亲拒绝维度	母亲情感温暖维度	母亲过度保护维度
年龄	0.057	− 0.163**	0.080*	0.051	− 0.147**	0.081*

注：** 代表 $P < 0.01$，* 代表 $P < 0.05$（双尾检验）

表 3-12 显示，流动儿童的年龄与父亲、母亲的情感温暖维度得分呈显著性负相关（均 $P < 0.01$），与父亲、母亲的过度保护维度得分呈显著性正相关（均 $P < 0.05$）；年龄与父亲、母亲的拒绝维度得分相关不显著（$P > 0.05$）。结果表明，流动儿童年龄较小时，父母所给予的情感温暖和关爱较多，限制和过度保护较少；但随着流动儿童的年龄不断增长，父母所给予的情感温暖和关爱不断减少，限制和过度保护却不断增加。

流动儿童年龄较小时，自我生活能力较弱、依赖性较强，更多依靠父母的照顾，亲子关系也较为亲密；随着流动儿童的年龄不断增长，其独立性和自我意识不断增加，"脱离"父母的意识不断增强，部分儿童甚至产生一些不良的行为习惯，如抽烟、上网和打架等，父母反过来会限制、约束、批评和过度保护儿童，导致流动儿童父母的教养方式发生一定的变化。

（七）父母教养方式的交互作用分析

以上分别分析了父母教养方式在人口统计学变量上的主效应结果，为进一步了解儿童的父母教养方式在性别、儿童类别、独生性质等人口统计学变量上是否存在着交互作用，我们分别进行了儿童性别与儿童类别（流动与否）、流动儿童性别与流动儿童独生性质（独生与否）的交互作用分析。

1. 儿童性别与儿童类别的交互作用分析

儿童性别（男、女）与儿童类别（流动儿童、本地儿童）的父母教养方式的交互作用分析结果如表 3-13 所示。

表 3-13　儿童性别与儿童类别的父母教养方式交互作用分析表

维　度	性别	儿童类别	n	平均数	标准差	F 值	P 值
父亲拒绝维度	男	流动儿童	408	10.69	3.44	2.76	0.097
		本地儿童	76	9.64	3.35		
	女	流动儿童	296	9.66	3.34		
		本地儿童	79	9.53	3.81		
父亲情感温暖维度	男	流动儿童	415	18.62	4.74	0.15	0.702
		本地儿童	77	19.67	5.46		
	女	流动儿童	303	19.05	5.26		
		本地儿童	84	19.76	5.41		
父亲过度保护维度	男	流动儿童	402	17.98	3.88	0.45	0.501
		本地儿童	75	17.31	4.19		
	女	流动儿童	280	17.34	3.93		
		本地儿童	76	17.16	4.65		
母亲拒绝维度	男	流动儿童	405	10.68	3.51	3.94	0.048
		本地儿童	78	9.32	3.23		
	女	流动儿童	294	10.35	3.46		
		本地儿童	83	10.22	3.92		
母亲情感温暖维度	男	流动儿童	415	19.30	4.81	0.12	0.725
		本地儿童	79	20.88	4.97		
	女	流动儿童	305	19.52	5.11		
		本地儿童	85	20.80	5.20		
母亲过度保护维度	男	流动儿童	401	18.98	3.79	0.77	0.382
		本地儿童	77	18.34	4.31		
	女	流动儿童	284	18.49	4.19		
		本地儿童	79	18.48	4.54		

从表 3-13 的交互作用分析表来看，儿童性别与儿童类别在母亲拒绝维度上存在显著的交互作用（$P < 0.05$），在其他教养方式上的交互作用均不显著（$P > 0.05$）。如图 3-5 所示，在母亲拒绝维度上，流动女童与本地女童的得分差异不大，但流动男童的得分却明显高于本地男童的得分。结果提示，如与本地男童相比，流动男童在成长过程中感受到母亲的拒绝、批评和惩罚较多。

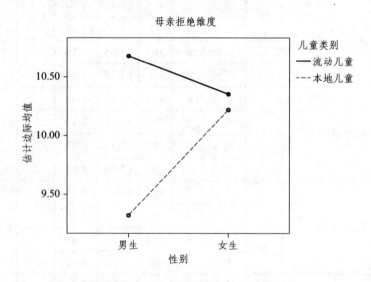

图 3-5　儿童性别与儿童类别在母亲拒绝维度上的交互作用

2. 流动儿童性别与流动儿童独生性质的交互作用分析

流动儿童性别（男、女）与流动儿童独生性质（独生、非独生）的父母教养方式的交互作用分析结果如表 3-14 所示。

表 3-14　流动儿童性别与独生性质的父母教养方式交互作用分析表

维　度	性别	独生性质	n	平均数	标准差	F 值	P 值
父亲拒绝维度	男	独生	67	9.93	3.29	0.88	0.347
		非独生	339	10.84	3.46		
	女	独生	30	9.50	2.82		
		非独生	267	9.65	3.37		
父亲情感温暖维度	男	独生	69	19.94	4.60	0.05	0.825
		非独生	344	18.42	4.68		
	女	独生	30	20.67	5.99		
		非独生	272	18.89	5.15		
父亲过度保护维度	男	独生	67	16.97	3.48	2.53	0.112
		非独生	333	18.19	3.93		
	女	独生	30	17.53	4.30		
		非独生	269	17.29	3.89		
母亲拒绝维度	男	独生	68	9.60	3.34	1.72	0.190
		非独生	336	10.89	3.52		
	女	独生	31	10.13	3.23		
		非独生	262	10.37	3.49		
母亲情感温暖维度	男	独生	70	20.37	5.02	0.01	0.911
		非独生	344	20.88	4.75		
	女	独生	33	19.09	6.00		
		非独生	271	20.76	4.99		
母亲过度保护维度	男	独生	69	18.29	3.58	4.92	0.027
		非独生	331	19.13	3.84		
	女	独生	33	19.51	4.44		
		非独生	270	18.35	4.15		

　　从表 3-14 的结果来看，流动儿童性别与独生性质只在母亲过度保护维度上存在显著的交互作用（$F = 4.92$，$P = 0.027$），在其他教

养方式上的交互作用均不显著（$P > 0.05$）。具体而言，在母亲过度保护维度上，独生女童的得分明显高于独生男童的得分，而非独生女童的得分却明显低于非独生男童的得分（见图3-6）。结果显示，在独生流动儿童家庭中，母亲对女孩的干涉、限制和过度保护明显高于男孩；而在非独生流动儿童家庭中，情况正好相反，母亲对男孩的干涉、限制和过度保护较多。这种结果可能与流动儿童家长对于性别角色的定型和家庭的结构有关。在独生子女家庭，女孩作为唯一的孩子，再加上成年人一般对女孩持有柔弱、温柔的性别角色认知，导致女孩在其成长过程中受到的过度保护和限制较多，诸如放学晚归、交友、早恋等均是父母非常担心的问题。但在非独生子女家庭，很多父母可能会出于"重男轻女"的传统思想而更多关注男孩，从而出现对男孩的过度保护多于女孩的情况。

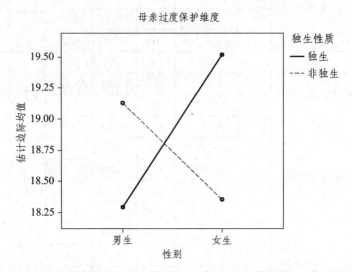

图 3-6　流动儿童性别与独生性质在母亲过度保护维度上的交互作用

三、研究结论

本研究以广州、贵阳两地970名儿童为被试（流动儿童798人，本地儿童 172 人），运用中文版简式父母教养方式问卷（s-EMBU），采用 t 检验、方差分析和相关分析等统计方法，考察了流动儿童父母教养方式的特点和规律，对比分析了流动儿童与本地儿童父母教养方式的差异，得出以下主要结论：

（1）流动儿童母亲教养方式的三个维度得分显著高于父亲教养方式的三个维度得分。

（2）在父母情感温暖维度上，本地儿童得分显著高于流动儿童；在父母拒绝维度上，流动儿童得分显著高于本地儿童。

（3）不同性别的流动儿童在父亲拒绝维度和父亲过度保护维度上存在显著性差异，男孩得分高于女孩。

（4）在父亲情感温暖维度上，独生流动儿童得分显著高于非独生流动儿童；在母亲拒绝维度上，非独生流动儿童得分显著高于独生流动儿童；在母亲情感温暖维度上，独生流动儿童得分显著高于非独生流动儿童。

（5）在父亲情感温暖维度、母亲情感温暖维度上，广州地区流动儿童得分显著高于贵阳地区流动儿童。

（6）流动儿童年龄与父、母情感温暖维度得分呈显著负相关，与父、母过度保护维度得分呈显著正相关。

（7）儿童性别与儿童类别在母亲拒绝维度上存在显著的交互作用；流动儿童性别与独生性质在母亲过度保护维度上存在显著的交互作用。

四、对策与建议

在当前构建和谐社会的进程中，流动儿童的发展和教育问题已经引起社会各界的关注。诸多研究表明，父母教养方式是影响儿童心理和行为发展的重要因素。本研究结果发现，流动儿童父母的教养方式存在一定的问题，情感上的交流、沟通和关爱过少，而批评、拒绝、惩罚和过度保护、过度限制过多，部分文化水平较低的流动儿童父母可能会盲目信奉传统的教养观念，例如"打是疼，骂是爱"

"棍棒底下出孝子",借此来表达对孩子的关怀。因此,改善流动儿童父母不良的教养观念和行为方式,弥补流动儿童父母教养方式的不足,促进流动儿童父母形成良好的教养方式,对于流动儿童的身心发展无疑将有着非常积极的意义。这有待于政府、社会力量和学校等多方机构的持续努力。

(一)各级政府的全面关注

流动儿童流入地各级政府,尤其是妇联、教育行政部门应当认识到流动儿童父母教养方式的重要意义,从宏观的政策和制度层面给流动儿童父母营造良好的工作、生活和居住环境,投入一定的专项资金用于支持流动儿童父母教养方式的教育和宣传工作。以多种形式和多种途径推介和宣传积极的教养观念和行为方式,警示和告诫不良的教养观念和行为方式,开展"家长读书活动"、亲子课堂等活动,在电视、报纸、公共交通车载媒体播放公益广告,制作视频或文字资料免费向家长发放等,将宣传和教育工作深入学校、社区和工厂。

对于流动儿童父母"想管但不会管""想管但管不好"的问题,政府应当联合街道、社区积极参与解决这一问题,定期在流动人口较多的社区开展一些与家庭教育有关的主题讲座,为流动儿童家长提供一些必要的指导。同时,各级政府应鼓励与协调社会各方机构积极参与,联络有关专家与学者进行研讨,组织家教专家和志愿者走进流动儿童家庭;支持和鼓励各种社会组织和社会力量参与父母教养方式的干预工作;指导和支持流动儿童就读的学校开展针对父母有关教养方式的教育工作,并给予打工子弟学校更多的政策倾斜和人员支持;推进社区建设流动儿童"家长学校""家庭教育指导站(中心)",定期开展流动儿童专题家庭教育指导活动。必要时,可以行政命令或行政指导的方式将此项工作纳入绩效考核中去,强力推进教育和宣传工作的有效性。

(二)学校层面的教育宣传

学校是与流动儿童家长接触机会较多的单位机构,应当承担主要的宣传和教育工作。学校可以开展灵活多样的教育宣传,如利用召开家长座谈会、家长书信等形式介绍父母教养方式的相关知识，由政府出面邀请科研院所或高等院校的社会学家、心理学家在学校开展课外辅导讲座，班主任利用家访的机会与流动儿童家长进行沟通等，让流动儿童父母知晓哪些观念和行为不利于儿童的身心健康，哪些观念和行为有利于儿童的全面发展，促进流动儿童父母在教养观念和行为方式上有所改变。

有条件的学校可以选派教师参加国内相关的研讨会，动员教师参加心理健康教育资格证书的培训，鼓励教师自学、了解父母教养观念和行为的相关知识，并及时传递给流动儿童父母或抚养人。在人员较为紧缺的打工子弟学校，可以设立父母联络专员一职，由校内行政人员担任，负责定期与家长沟通联络、传递信息。

学校相关机构可鉴别出特别需要帮助的流动儿童，对其父母进行重点干预，根据流动儿童的具体情况开展个案干预。

（三）社会力量的积极参与

流动儿童的父母教养问题既是家庭内部问题，也是不小的社会问题，各级社会组织和社会力量应当承担相应的责任。由于社会组织和社会力量的角色定位不同于政府部门和学校，因此，社会组织和社会力量的宣传工作可以有效弥补政府、学校工作的不足。

目前，国内一些城市已经成立了专门致力于流动儿童教育的社会公益组织，如"大学生社会服务站""流动儿童之家"等类似的社会组织，这些组织的志愿者走进学校、走进社区、走进工作和车间，提供力所能及的志愿帮扶活动，取得了良好的帮扶效果。因此，应当进一步鼓励和支持社会组织和社会力量的积极参与，寻求附近大专院校心理学、教育学、社会学等学科的教师和学生志愿者，通过志愿者与流动儿童父母的接触与沟通，通过灵活多样的帮扶活动，如座谈会、发放宣传资料、角色扮演等活动改善流动儿童父母的教养态度和行为方式，为流动儿童的健康成长提供更有利的家庭环境。对于一些已经存在较为严重家庭教育问题的家庭，可以组织专业社会工作者介入进行一对一的指导和帮助。

第四章　城市流动儿童社会支持研究

一、社会支持研究概述

社会支持作为一个日常概念，其含义并不难理解，即"人与人之间的相互支持"；但社会支持作为一个科学概念，其含义却存在较大的分歧。"如 Sarason 等人（1991）认为，社会支持是个体对想得到或可以得到的外界支持的感知；Cullen（1994）认为，社会支持是个体从社区、社会网络或从亲戚朋友那里获得的物质或精神帮助；Malecki（2002）认为，社会支持是来自于他人的一般或特定的支持性行为，这种行为可以提高个体的社会适应性，使个体免受不利环境的伤害"[①]。李强（1998）认为，"社会支持是个人通过社会联系所能获得的能减轻心理应激反应、缓解精神紧张状态、提高社会适应能力的影响"[②]。社会支持概念的差异反映了研究者对社会支持本质的理解和看法各有不同。

社会支持（Social Support）的概念于 20 世纪六七十年代开始出现在精神病学文献中，并随后在社会学、心理学、护理学、预防医学等学科中得以广泛应用。社会支持之所以受到持续的关注，其主要原因是由于众多研究者发现社会支持与个体身心健康之间存在稳定、积极的关系，尽管这种关系的内在作用机制目前依然存在较大分歧。

社会支持作为一个对于个体身心健康有益的社会因素已经得到

[①] 王雁飞：《社会支持与身心健康关系研究述评》，《心理科学》，2004，27（5）：1175-1177 页。

[②] 李强：《社会支持与个体心理健康》，《天津社会科学》，1998（1）：67-70 页。

了学界广泛的认可。早在 19 世纪末期，法国的社会学家 Durkheim
就曾指出，"社会关系的丧失是导致个体自杀的重要原因之一"[①]。
随后的研究发现，社会支持与个体的身心健康、主观幸福感、自我
概念、工作满意度和工作绩效等存在显著的正向关系，而与个体的
焦虑、抑郁、孤独感、神经症、社会惰性和毒品滥用等存在显著的
负向关系。对于社会支持影响身心健康的内在机制，研究者们大致
有三种假设：第一种是独立效应假设，这种假设认为社会支持具有
普遍的增益效应，且效应是独立于压力之外的，即不管个体遇到的
压力状况如何，社会支持对其身心健康均有着直接的促进作用。因
此，按照独立效应假设，个体的社会支持水平越高，其身心健康水
平也会越好。第二种是缓冲效应假设，这种假设认为社会支持可以
缓冲（或调节）压力事件（或有害刺激）对个体身心健康的负面影
响，从而间接提升个体的身心健康水平。第三种是动态效应假设，
这种假设认为社会支持与身心健康比较复杂，是一种动态而非静态
的关系，社会支持与压力事件（或有害刺激）的关系是相互影响和
相互作用的，会随着时间、情景的改变而改变，社会支持和压力可
以同时作为自变量对身心健康产生影响。以上三种假设均获得一些
研究证据的支持，但总体而言，动态效应假设结合了独立效应和缓
冲效应两种假设的观点，可以更好地揭示社会支持影响身心健康的
内在机制。

　　社会支持按照其内容和来源不同，可以有不同的划分方法。例
如从内容上来看，社会支持可以分为物质支持、情感支持、信息支
持和工具支持等；从来源上来看，社会支持可以分为家人支持、朋
友支持、同学支持、领导或同事支持等。国内学者肖水源（1986）
总结了有关社会支持的研究文献，并将社会支持分为三类："第一是
客观支持，即实际的或可见的物质支持或社会网络、团体关系的支
持，也是客观存在的现实；第二是主观支持，即主观的、体验到的

[①] 肖水源：《社会支持对身心健康的影响》，《中国心理卫生杂志》，1987，
　　1（4）：183-187 页。

或情绪上的支持，也是个体在社会中被尊重、被支持、被理解的情绪体验或满意程度。第三是对支持的利用度，即个体对社会支持的主动利用情况。有些人虽然可以获得支持，但却拒绝别人的帮助，因此，个体对于社会支持的利用程度也会存在一定差异"①。我们认为，肖水源对于社会支持的分类体系比较恰当，一方面它较为全面地涵盖了不同内容和不同来源的社会支持，另一方面也较为合理地按照社会支持的性质细分了社会支持的类型。

在国内外有关儿童社会支持的文献中，已有研究发现，社会支持是儿童心理健康的保护性因素，社会支持的高低可以预测儿童的身心健康状况，良好的社会支持（父母支持、同伴支持）与儿童更好的心理发展和社会适应正向相关，如表现出更低的孤独感（Uruk，2003；田录梅，2012）和抑郁水平（Auerbach，2011），可以获得更高的自尊（Kingery，2011）和自我价值感（Laursen，2006）等。同时，社会支持也是儿童心理韧性的重要保护性因素（Herrman，2011），儿童的家庭支持和其他社会成员的支持是儿童心理韧性发展的主要影响因素（Pinkerton，2007）。在针对流动儿童的研究中，研究者发现，流动儿童的社会支持水平显著低于城市儿童（李艳，2009），社会支持对流动儿童的精神健康有显著的影响，社会支持水平越高，其精神健康状况越好（何雪松等，2008），学校适应水平也越高(谭千保，2010)，感受到的孤独感水平就越低(侯舒艨等,2011)。同时，流动儿童的家庭社会支持和社会资本也可以显著预测其心理韧性水平（Wu，2012），初中流动儿童的社会支持是影响其问题行为的重要因素之一（谢子龙等，2009）。

流动儿童社会支持问题解决的有效途径是社会支持网络的构建，这一问题已经引起了部分学者的关注。如李晚莲（2009）从社会化的角度来探讨流动儿童成长环境的支持，从社会整合与社会控制的角度分析流动儿童的城市融入支持，从社会分层与社会网络的

---

① 肖水源：《〈社会支持评定量表〉的理论基础与研究应用》，《临床精神医学杂志》，1994，4（2）：98-100页。

角度研究流动儿童社会地位的社会支持，从社会制度和社会结构的角度研究流动儿童的制度政策支持，并做出了积极的尝试。但总体而言，已有研究的个案研究较多，定量分析较少；主观描述较多，实践方案较少，缺乏针对性和操作性的对策。

通过对已有社会支持研究文献的总结，虽然我们发现社会支持在个体（尤其是儿童）成长和适应过程中起着积极的作用，社会支持是影响个体身心健康的重要的社会环境因素，但对于流动儿童而言，有关社会支持在其心理发展和社会适应过程中的作用研究还比较少见。为有助于探讨流动儿童心理发展和社会适应的影响因素和作用机制，本研究拟采用问卷调查法探讨城市流动儿童社会支持的状况，对比分析流动儿童与非流动儿童社会支持状况的差异，在此基础上，尝试提出一些构建城市流动儿童社会支持网络的措施或建议，以促进流动儿童的身心健康发展。同时，为后续的作用机制研究打下基础。

本研究在肖水源（1986、1990）所编制的社会支持评定量表的基础上，对原量表进行了修订，使修订后的量表内容更适合于儿童的实际情况，如将配偶改为家人、其他家人改为老师、同事改为同学、工作单位改为学校、宗教组织改为团组织、工会改为少先队等。修订后的社会支持评定量表项目数量（共 10 个项目）、量表结构、计分方法均保持不变，同样分为主观支持、客观支持和对支持的利用度三个维度。得分越高，代表儿童的社会支持水平越高。修订后的量表信度保持良好（总量表的内部一致性信度为 0.75，三个维度的内部一致性信度分别为 0.67、0.70、0.68），采用验证性因素分析方法对修订后问卷结构进行检验，结果发现该问卷的结构效度较好，验证性因素分析的拟合指数：$x^2/df = 1.99$，NFI = 0.96，TLI = 0.96，CFI = 0.98，RMSEA = 0.035。因此，我们将修订后的社会支持评定量表作为儿童社会支持的测评工具。被试基本情况见第二章表 2-1 和 2-2 所示。

二、研究结果与分析

（一）流动儿童社会支持的总体状况

对流动儿童社会支持的总分，主观支持、客观支持和对支持的利用度三个维度的得分进行描述性统计分析，具体结果如表 4-1 所示。

由于社会支持评定量表经过研究者的修订，量表的项目内容有所变化，故无法将本研究中流动儿童社会支持的得分情况与其他研究中的被试得分情况直接进行比较。接下来，我们主要将本研究内的被试得分情况进行对比分析。

表 4-1　流动儿童社会支持得分的描述性统计分析

变　量	n	最低分	最高分	平均数	标准差
社会支持总分	758	19	55	35.73	6.70
主观支持	787	8	24	18.34	3.40
客观支持	780	3	20	9.40	2.91
对支持的利用度	773	3	12	7.94	2.22

（二）两类流动儿童与本地儿童社会支持的差异

本研究采用单因素方差分析分别对两类流动儿童（打工子弟学校和公立学校）和本地儿童的社会支持总分和维度分逐一进行比较。

1. 两类流动儿童、本地儿童的社会支持总分差异

如表 4-2 所示，两类流动儿童、本地儿童在社会支持总分上存在显著性差异（$F = 10.46$，$P = 0.000$），从社会支持总分的碎石图（见图 4-1）来看，打工子弟学校流动儿童的社会支持总分最低，公立学校流动儿童的社会支持总分居中，公立学校本地儿童的社会支持总分最高。

表 4-2　两类流动儿童、本地儿童社会支持总分单因素方差分析

儿童类别	平均数	标准差	F 值	P 值
打工子弟学校　流动儿童　①	35.26	6.71		
公立学校　流动儿童　②	36.65	6.61	10.46	0.000
公立学校　本地儿童　③	37.86	6.91		
LSD 事后多重比较	③ > ①；② > ①			

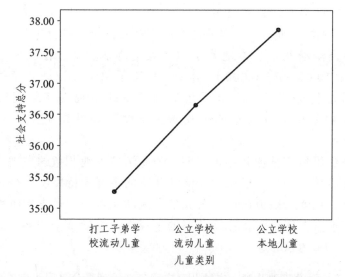

图 4-1　两类流动儿童、本地儿童社会支持总分碎石图

进一步采用 LSD 法进行事后多重比较，结果发现，公立学校本地儿童的社会支持总分显著高于打工子弟学校流动儿童的社会支持总分（平均数差异 = 2.60，$P = 0.000$），公立学校流动儿童的社会支持总分显著高于打工子弟学校流动儿童的社会支持总分（平均数差异 = 1.38，$P = 0.007$），公立学校本地儿童的社会支持总分与公立学校流动儿童的社会支持总分差异边缘显著（平均数差异 = 1.21，$P = 0.07$）。

本地儿童的社会支持体验高于流动儿童的社会支持体验，这种结果与现实情况比较相符。本地儿童从小在城市中长大，亲戚和朋友相对较多，父母及家庭的人脉关系较为广泛，儿童的社会支持网络相对全面，其社会支持的体验固然较高。流动儿童跟随父母来到城市生活，在城市中的亲戚较少，父母及家庭关系较为简单，其社会支持的体验相对较低。但公立学校流动儿童的社会支持体验显著高于打工子弟学校流动儿童的社会支持体验的结果提示我们，公立学校的社会支持氛围优于打工子弟学校，公立学校及老师和同学们所提供的社会支持相对更多。

2. 两类流动儿童、本地儿童的主观支持维度得分差异

两类流动儿童、本地儿童的主观支持维度得分存在显著性差异（$F = 10.60$，$P = 0.000$），其中，打工子弟学校流动儿童的主观支持维度得分最低，公立学校流动儿童的主观支持维度得分居中，公立学校本地儿童的主观支持维度得分最高（见表 4-3 和图 4-2）。

LSD 事后多重比较结果表明，公立学校本地儿童的主观支持维度得分显著高于打工子弟学校流动儿童的主观支持维度得分（平均数差异 = 1.24，$P = 0.000$），公立学校流动儿童的主观支持维度得分显著高于打工子弟学校流动儿童的主观支持维度得分（平均数差异 = 0.81，$P = 0.002$）。

表 4-3　两类流动儿童、本地儿童主观支持维度得分单因素方差分析

儿童类别	平均数	标准差	F 值	P 值
打工子弟学校 流动儿童 ①	18.08	3.45		
公立学校 流动儿童 ②	18.88	3.24	10.60	0.000
公立学校 本地儿童 ③	19.31	3.44		
LSD 事后多重比较	③＞①；②＞①			

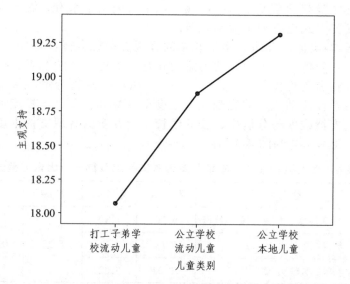

图 4-2　两类流动儿童、本地儿童主观支持维度得分碎石图

　　主观支持是个体对社会支持的情感体验和满意程度，指的是个体在社会中受尊重、被支持、理解的情感体验和满意程度，与个体的主观感受密切相关。多数学者认为主观支持比客观支持更有意义，原因在于主观支持虽然不是客观现实，但"被感知到的现实却是心理的现实，而正是心理的现实作为实际（中介）的变量影响个体的行为和发展"①。在本研究中，本地儿童的主观支持体验高于流动儿童（特别是打工子弟学校流动儿童），结果提示，流动儿童主观所感受到的社会支持水平较低，对社会支持的情感体验和满意度较差，这种结果可能会给流动儿童的心理发展和社会适应带来消极的影响。同时，公立学校流动儿童的主观支持体验高于打工子弟学校的流动儿童，这种结果也提示我们，流动儿童在公立学校所体验到的社会支持水平高于打工子弟学校，也就是说，在公立学校校园环境中，老师或同学所提供的社会支持相对较多，流动儿童对社会支持

---

① 肖水源：《〈社会支持评定量表〉的理论基础与研究应用》，《临床精神医学杂志》，1994，4（2）：98-100 页。

的情感体验和满意度较高。因此，从本研究结果来看，混合入校的教育安置方式更有利于流动儿童。

3. 两类流动儿童、本地儿童的客观支持维度得分差异

方差分析结果表明，两类流动儿童、本地儿童的客观支持维度得分存在显著性差异（$F = 5.22$，$P = 0.006$），从得分情况来看，打工子弟学校流动儿童的客观支持维度得分最低，公立学校流动儿童的客观支持维度得分居中，公立学校本地儿童的客观支持维度得分最高（见表 4-4 和图 4-3 所示）。

表 4-4　两类流动儿童、本地儿童客观支持维度得分单因素方差分析

儿童类别	平均数	标准差	F 值	P 值
打工子弟学校　流动儿童　①	9.24	2.80		
公立学校　流动儿童　②	9.73	3.11	5.22	0.006
公立学校　本地儿童　③	10.01	3.22		
LSD 事后多重比较	③ > ①；② > ①			

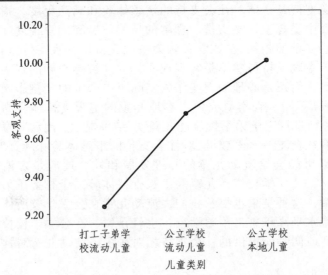

图 4-3　两类流动儿童、本地儿童客观支持维度得分碎石图

LSD 事后多重比较发现，公立学校本地儿童的客观支持维度得分显著高于打工子弟学校流动儿童的客观支持维度得分（平均数差异 = 0.77，P = 0.004），公立学校流动儿童的客观支持维度得分显著高于打工子弟学校流动儿童的客观支持维度得分（平均数差异 = 0.49，P = 0.030）。

客观支持是个体实际获得的、可见的社会支持，包括物质上的直接援助和社会网络、团体关系的存在和参与，后者是指稳定的婚姻（如家庭、婚姻、朋友、同事等）或不稳定的社会联系如非正式团体、暂时性的社会交际等的大小和可获得程度，这类支持独立于个体的感受是客观存在的现实。虽然客观支持的意义不及主观支持，但并不是说客观支持就失去了意义。相反，社会支持必须要有一定的客观基础。在本研究中，本地儿童的客观支持体验也高于流动儿童（特别是打工子弟学校流动儿童）的客观支持体验，这种结果表明，流动儿童所获得的物质援助、经济支持、关心与帮助明显不及本地儿童。其原因可能在于：一方面，流动儿童与本地儿童的家庭经济状况有较大差别，流动儿童所获得的经济支持不及本地儿童（如日常开销、零用钱等）；另一方面，缘于地域关系，父母、兄弟姐妹及其他家庭成员，公立学校的老师、同学和伙伴等群体对本地儿童的帮助相对较多。同时，在公立学校就读的流动儿童所获得的客观支持水平明显高于打工子弟学校就读的流动儿童，这一结果也进一步支持了混合入校的教育安置方式更利于流动儿童的研究结论。

4. 两类流动儿童、本地儿童的支持利用维度得分差异

如表 4-5 所示，两类流动儿童、本地儿童的支持利用维度得分存在显著性差异（F = 5.58，P = 0.004），从得分情况的碎石图（见图 4-4）来看，打工子弟学校流动儿童的支持利用维度得分最低，公立学校流动儿童的支持利用维度得分居中，公立学校本地儿童的支持利用维度得分最高。

流动儿童心理与社会发展透视
LIUDONG ERTONG XINLI YU SHEHUI FAZHAN TOUSHI

表 4-5 两类流动儿童、本地儿童支持利用维度得分单因素方差分析

儿童类别	平均数	标准差	F 值	P 值
打工子弟学校 流动儿童 ①	7.88	2.28		
公立学校 流动儿童 ②	8.08	2.08	5.58	0.004
公立学校 本地儿童 ③	8.53	2.23		
LSD 事后多重比较	③ > ①；③ > ②			

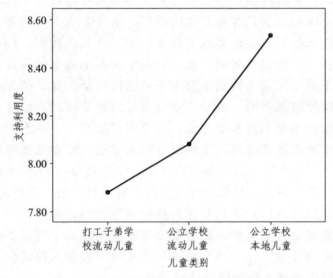

图 4-4 两类流动儿童、本地儿童支持利用维度得分碎石图

　　LSD 事后多重比较发现，公立学校本地儿童的支持利用维度得分显著高于打工子弟学校流动儿童的支持利用维度得分（平均数差异 = 0.66，$P = 0.001$）和公立学校流动儿童的支持利用维度得分（平均数差异 = 0.45，$P = 0.040$）。两类流动儿童之间，即公立学校流动儿童与打工子弟学校流动儿童的支持利用维度得分差异并不显著（$P > 0.05$）。

54

对支持的利用度是个体主动利用社会支持的程度,个体对社会支持的利用存在着差异,有些人虽然可以获得支持,但却拒绝别人的帮助,并且,人与人之间的支持是一个相互作用的过程,一个人在支持别人的同时,也为获得别人的支持打下了基础。在本研究中,本地儿童对社会支持的利用程度显著高于流动儿童对社会支持的利用程度,这意味着流动儿童对社会支持的主动利用程度较低。这种结果表明,两类流动儿童在城市生活与学习的过程中,当遇到困难或烦恼时,不能积极主动地请求别人的帮助或获取别人的帮助;对于团体组织的活动参与较少,或主动参与的积极性较低。由于个体之间的支持是一个相互作用的过程,主动获取支持的个体,也更倾向于支持别人。因此,应当引导流动儿童以积极的心态主动寻求他人的支持和看待他人的支持,这也为支持别人打下了基础。

综上所述,从社会支持总分和三个维度的得分情况来看,两类流动儿童的社会支持状况低于本地儿童的社会支持状况,同时,打工子弟学校流动儿童的社会支持状况又低于公立学校流动儿童的社会支持状况。由于社会支持是个体身心健康的重要影响因素,因此,这种结果对于流动儿童(尤其是打工子弟学校流动儿童)的心理发展和社会适应状况将会产生何种影响?影响的程度如何?我们将在后续研究中进一步探讨。

(三)流动儿童社会支持的性别差异

对不同性别流动儿童的社会支持得分情况进行独立样本 t 检验,如表 4-6 所示。结果表明,不同性别的流动儿童在社会支持总分($t = 2.47$,$P = 0.014$)、主观支持维度($t = 2.51$,$P = 0.012$)和对支持的利用维度($t = 3.66$,$P = 0.000$)上存在显著性差异,在客观支持维度上的差异并不显著($P > 0.05$)。同时,性别(男、女)与流动儿童类别(打工子弟学校和公立学校)在社会支持总分和各维度上的交互效应不显著($P > 0.05$)。

表 4-6 不同性别的流动儿童社会支持得分独立样本 t 检验

变　　量	性别	n	平均数	标准差	t 值	P 值
社会支持总分	男	418	35.27	6.61	-2.47	0.014
	女	306	36.52	6.81		
主观支持	男	434	18.09	3.36	-2.51	0.012
	女	317	18.73	3.47		
客观支持	男	428	9.42	2.93	-0.48	0.635
	女	316	9.53	2.87		
对支持利用度	男	440	7.71	2.18	-3.66	0.000
	女	307	8.31	2.21		

从社会支持总分、主观支持维度和对支持的利用维度的得分情况来看，流动男童社会支持得分均低于流动女童社会支持得分。这种结果表明，流动女童所获得的社会支持不但在整体上优于流动男童，而且流动女童对社会支持的主观感受和情感体验也高于流动男童，流动女童对社会支持的主动利用程度也相对较高。

流动女童的社会支持状况优于流动男孩，这与李孟泽、王小新（2013），李海华、王涛、刁光涛（2007）以流动儿童为对象的研究结果比较一致，也与部分以非流动儿童为被试的研究结果比较相似，例如张丽霞（2012）的研究发现，初中女生的社会支持水平显著高于初中男生；黄万琪、周威和程清洲（2006）的研究发现，女大学生的社会支持水平在客观支持、主观支持和支持利用度等三个维度上的得分均高于男大学生。因此，社会支持水平的性别差异可能存在一定的共性，即女生的社会支持水平高于男生。出现这种结果的原因可能在于，一方面与社会对女性的特别关注有一定关系，"外界社会可能将支持更多地给予女性"[①]；另一方面，女生的感情细腻，对外界社会支持的感受性较强；男生的社会独立性较强，女生的社

[①] 马惠霞，韩向明，覃晓燕：《中专生社会支持特点分析》，《中国临床心理学杂志》，2001，9（4）：266-267 页。

会合群性较强，也会导致男生感受到周围的社会支持水平较低。

（四）流动儿童社会支持的城市差异

对生活在不同城市的流动儿童社会支持得分情况进行独立样本 t 检验（见表 4-7），结果表明，不同城市的流动儿童在社会支持总分（$t=4.12$，$P=0.000$）、主观支持维度（$t=2.12$，$P=0.034$）、客观支持维度（$t=4.40$，$P=0.000$）和对支持的利用维度（$t=3.99$，$P=0.000$）上均存在显著性差异。

表 4-7　不同城市的流动儿童社会支持得分独立样本 t 检验

变　量	城市	n	平均数	标准差	t 值	P 值
社会支持总分	广州	279	37.03	6.74	4.12	0.000
	贵阳	479	34.97	6.57		
主观支持	广州	291	18.68	3.37	2.12	0.034
	贵阳	496	18.15	3.41		
客观支持	广州	287	9.99	2.84	4.40	0.000
	贵阳	493	9.05	2.91		
对支持利用度	广州	283	8.36	2.28	3.99	0.000
	贵阳	490	7.71	2.14		

整体上来看，广州地区流动儿童的社会支持得分高于贵阳地区流动儿童的社会支持得分。广州与贵阳虽同属省会城市，但两地经济发展水平差距明显。两地流动儿童的社会支持水平在社会支持总分和三个维度上均存在显著差异，一方面，这可能与不同地域的经济发展水平和流动儿童家庭收入水平的高低有一定关系，一般而言，经济收入较高的家庭所给予儿童的物质支持也较多，从家人、同学或朋友等方面获得经济支持或解决困难问题的来源更为广泛，导致客观支持的水平更高。另一方面，流动儿童的社会支持体验与父母的情感关爱、学校和社区的人文关怀以及地方政府的教育经费投入、办学方式等也有着密切的关联。

我们从文献资料中了解到，相比贵阳市而言，广州市开展流动儿童教育的时间较早，经费投入和政策支持也较多。早在 1996 年，广州市天河区、海珠区就被国家教委确定为"全国流动人口子女入学政策实施项目实验区"，为广州市乃至全国范围内流动儿童教育政策的研究和实践做出了有益的探索。此后多年，教育行政部门不断扩容公立学校接受流动儿童入学的能力，在充分挖掘公办学校潜力、提高公办学校吸收流动儿童入学能力的同时，也大力支持和鼓励民办学校办学，提高民办学校办学质量，为流动儿童提供更多更优质的学位，并尽量给予政策与资金的支持和帮助。有数据显示，"2009年广州市 48.34 万适龄入学的流动儿童，在公办学校就读的有 19.51万人，大约占流动儿童总人口的 40.36%"[①]。在全国而言，这一比例相对较高。

与此同时，广州、贵阳两市的地方政府在流动儿童的教育经费投入方面也存在较大的差距。我们在广州市嘉禾新都学校（打工子弟学校）取样调查的过程中也了解到，广州市政府目前按流动儿童就读人数给予学校 450 元/小学生/年、725 元/初中生/年的义务教育经费资助，以帮助民办学校提高流动儿童的教学环境和教学质量，而同期贵阳市宏志学校（打工子弟学校）得到的经费资助标准仅为85 元/人/年。此外，广州市在流动儿童的教育方面也有诸多的创新和尝试，例如全市中小学教师（无论公立或私立学校）持有心理健康教育资格证书（A 证、B 证、C 证）上岗制度的推行；"2012 年在全市成立了 30 所流动儿童家长学校，引导流动儿童家长教育子女、关爱儿童成长"[②]。总体来说，广州市作为经济发达的一线城市，无论政府、社区，还是家庭、学校对于流动儿童的社会支持均相对较多。

---

① 戴双翔：《广州市教育规划研制中的流动儿童义务教育政策分析》，《教育导刊》，2010（10）：23-27 页。
② 任朝亮：《三级辅导体系关注未成年人心理健康》，《广州日报》，2013-8-26。

（五）流动儿童社会支持的流动时间差异

不同流动时间的流动儿童之间在社会支持体验上是否存在差异？本研究按照流动时间的差异分成四组，并对各组在社会支持总分和三个维度上的得分进行比较，结果如表 4-8 所示。

单因素方差分析结果显示，不同流动时间的流动儿童在社会支持总分（$F = 6.82$，$P = 0.000$）、主观支持维度（$F = 5.65$，$P = 0.001$）、客观支持维度（$F = 3.59$，$P = 0.013$）和对支持的利用维度（$F = 5.26$，$P = 0.001$）上均存在显著性差异。

进一步采用 LSD 法进行事后多重比较，结果如表 4-9 至表 4-12 所示。

表 4-8　不同流动时间的流动儿童社会支持得分单因素方差分析

变　量	流动时间	n	平均数	标准差	F 值	P 值
社会支持总分	不到一年	63	33.65	6.70	6.82	0.000
	一年至三年	76	33.33	5.52		
	三年以上	379	36.42	6.55		
	从小就在城市	238	35.90	7.03		
主观支持	不到一年	65	17.02	3.36	5.65	0.001
	一年至三年	82	17.61	3.17		
	三年以上	391	18.58	3.41		
	从小就在城市	247	18.56	3.38		
客观支持	不到一年	65	8.91	2.84	3.59	0.013
	一年至三年	83	8.75	2.58		
	三年以上	389	9.69	2.84		
	从小就在城市	241	9.25	3.07		
对支持利用度	不到一年	63	7.43	2.39	5.26	0.001
	一年至三年	79	7.20	2.08		
	三年以上	383	8.14	2.14		
	从小就在城市	246	8.03	2.28		

表 4-9　社会支持总分在流动时间不同水平上的 LSD 事后多重比较

流动时间（I）	流动时间（J）	均值差（I−J）	标准误差	P 值
不到一年	一年至三年	0.32	1.13	0.776
	三年以上	− 2.77	0.90	0.002
	从小就在城市	− 2.25	0.94	0.017
一年至三年	三年以上	− 3.09	0.83	0.000
	从小就在城市	− 2.57	0.87	0.003
三年以上	从小就在城市	0.52	0.55	0.340

表 4-10　主观支持维度在流动时间不同水平上的 LSD 事后多重比较

流动时间（I）	流动时间（J）	均值差（I−J）	标准误差	P 值
不到一年	一年至三年	− 0.59	0.56	0.289
	三年以上	− 1.56	0.45	0.001
	从小就在城市	− 1.54	0.47	0.001
一年至三年	三年以上	− 0.97	0.41	0.018
	从小就在城市	− 0.95	0.43	0.028
三年以上	从小就在城市	0.02	0.27	0.929

表 4-11　客观支持维度在流动时间不同水平上的 LSD 事后多重比较

流动时间（I）	流动时间（J）	均值差（I−J）	标准误差	P 值
不到一年	一年至三年	0.16	0.48	0.737
	三年以上	− 0.78	0.39	0.043
	从小就在城市	− 0.34	0.40	0.404
一年至三年	三年以上	− 0.94	0.35	0.007
	从小就在城市	− 0.50	0.37	0.176
三年以上	从小就在城市	0.44	0.24	0.060

表 4-12　对支持利用维度在流动时间不同水平上的 LSD 事后多重比较

流动时间（I）	流动时间（J）	均值差（I−J）	标准误差	P 值
不到一年	一年至三年	0.23	0.37	0.543
	三年以上	−0.71	0.30	0.018
	从小就在城市	−0.60	0.31	0.050
一年至三年	三年以上	−0.94	0.27	0.001
	从小就在城市	−0.83	0.28	0.004
三年以上	从小就在城市	0.11	0.18	0.541

　　由表 4-9 可知，不同流动时间的流动儿童在社会支持总分上的差异主要以三年为分界线，流动时间在三年以上和从小就在城市的两组流动儿童，其社会支持总分和三个维度的得分显著高于流动时间不到一年和一年至三年的两组流动儿童。表 4-10 的结果显示，在主观支持维度上，流动时间在三年以上和从小就在城市的两组流动儿童得分也显著高于流动时间不到一年和一年至三年的两组流动儿童。表 4-11 的结果显示，在客观支持维度上，流动时间在三年以上的流动儿童得分显著高于流动时间不到一年和一年至三年的两组流动儿童。由表 4-12 可以看出，在对支持的利用度上，流动时间在三年以上和从小就在城市的两组流动儿童得分同样显著高于流动时间不到一年和一年至三年的两组流动儿童。

　　从整体上来看，流动儿童的社会支持状况随流动时间而呈现出明显的变化趋势，大致以三年为界限。流动时间在三年以上的流动儿童所获得的社会支持水平较高，而流动时间在三年以下的流动儿童所获得的社会支持水平较低。之所以出现这种结果，应当与流动儿童融入城市生活的节奏有密切关系。流动时间在三年以下的流动儿童，城市融入程度较低，对城市环境、学校环境或学习方式较为陌生，人际交往的范围较为狭窄，所感受到的社会支持水平固然较低。随着城市生活时间的增长，流动儿童的城市融入程度不断增加，城市的归宿感和安全感已经建立，人际交往的范围会不断扩大，流动儿童的社会支持体验也会相对较高。流动时间在三年以上的流动儿童，其社会支持体验与出生在城市里的流动儿童并无差异。这种结果提示我们，要积极构建流动儿童的社会支持体系，提高流动儿童的社会支持水平，以帮助流动儿童更快地融入城市生活。

（六）独生与非独生流动儿童社会支持差异

对独生与非独生流动儿童的社会支持得分进行独立样本 t 检验，结果发现，独生与非独生的流动儿童在社会支持总分（ $t = 0.94$ ，$P = 0.347$ ）、主观支持维度得分（ $t = 1.17$ ，$P = 0.243$ ）、客观支持维度得分（ $t = 0.76$ ，$P = 0.446$ ）、对支持利用维度得分（ $t = 0.24$ ，$P = 0.814$ ）上的差异均不显著（见表4-13）。

表 4-13　独生与非独生流动儿童社会支持得分独立样本 t 检验

变　　量	独生性质	n	平均数	标准差	t 值	P 值
社会支持总分	独生	108	35.18	7.27	- 0.94	0.347
	非独生	648	35.83	6.61		
主观支持	独生	113	18.01	3.62	- 1.17	0.243
	非独生	671	18.41	3.36		
客观支持	独生	114	9.22	2.94	- 0.76	0.446
	非独生	664	9.44	2.91		
对支持利用度	独生	111	7.90	2.24	- 0.24	0.814
	非独生	659	7.95	2.21		

本研究中，独生流动儿童与非独生流动儿童的总体社会支持水平、主观支持、客观支持和对支持的利用度并无差异，这一研究结果与李海华、王涛、刁光涛（2007）的研究结论比较一致，但与我们的理解并不一致。一般来讲，与非独生子女相比，独生子女由于在我国家庭之中的独特性，父母所给予的社会支持相应会更多一些。之所以出现这种结果，其原因可能在于：一方面，流动儿童父母更多关注与家庭生存有关的经济问题，对子女的关注不多，体现不出独生与非独生子女的差异；另一方面，虽然部分独生流动儿童在家

庭中获得父母的情感温暖或关爱相对较多，但社区、学校、老师、同学或朋友对于两组儿童的支持与帮助却比较平等或相对一致，并在一定程度上补偿了来自于父母社会支持的差异，两组儿童对于社会支持的主动利用程度也基本一致，导致独生与非独生两组流动儿童在社会支持状况上的差异并不明显。

此外，独生性质与性别在社会支持总分和各维度分上的交互效应也不显著（$P > 0.05$）。

（七）流动儿童年龄与社会支持的关系

为考察流动儿童年龄与社会支持水平的关系，我们使用皮尔逊积差相关考察年龄变量与社会支持得分的相关情况（见表 4-14）。同时，我们还绘制了流动儿童社会支持总分、主观支持维度得分、客观支持维度得分、对支持利用度维度得分随年龄增长而发展变化的碎石图（见图 4-5、4-6、4-7、4-8，由于 10 岁组流动儿童只有 9人，样本量过少，故未进行分析）。

表 4-14　流动儿童年龄与社会支持得分的相关分析结果（r）

变量	社会支持总分	主观支持	客观支持	对支持的利用度
年龄	− 0.104**	− 0.137**	0.003	− 0.088*

注：** 代表 $P < 0.01$，* 代表 $P < 0.05$（双尾检验）

相关分析的结果表明，流动儿童年龄与社会支持总分、主观支持维度得分和对支持利用维度得分存在显著性负相关（$P < 0.05$），也就是说，流动儿童的年龄越大，其感受到的社会支持水平和主动利用社会支持的程度反而越低。这一结果与李孟泽、王小新（2013），李海华、王涛、刁光涛（2007）等人的研究结果并不一致。这种结果的原因可能在于，伴随着流动儿童年龄的增长，在客观支持水平保持不变的情况下，有关"外地人"或"乡下人"的自我身份意识不断增强，自己与所在城市的疏离感增加，从而导致社会支持的主观感受和主动性有所降低。

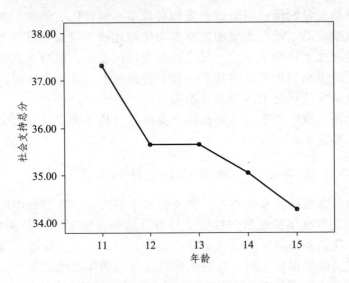

图 4-5　不同年龄流动儿童社会支持总分得分碎石图

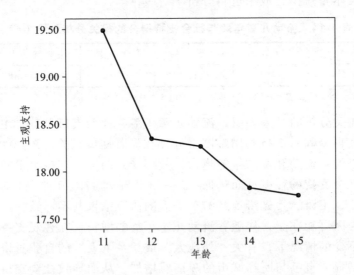

图 4-6　不同年龄流动儿童主观支持维度得分碎石图

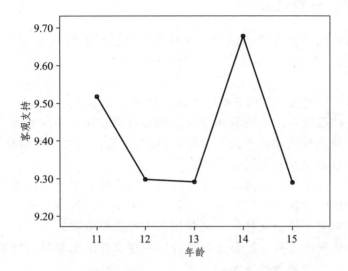

图 4-7 不同年龄流动儿童客观支持维度得分碎石图

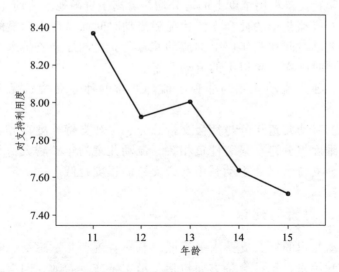

图 4-8 不同年龄流动儿童支持利用度维度得分碎石图

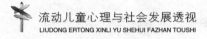

三、研究结论

本研究主要考察了流动儿童社会支持状况的特点和规律,对比分析了流动儿童与本地儿童社会支持状况的差异，得到以下主要结论：

（1）两类流动儿童、本地儿童在社会支持总分、主观支持维度、客观支持维度和对支持利用维度上的得分均存在显著性差异，其中打工子弟学校流动儿童的得分最低,公立学校流动儿童的得分居中,公立学校本地儿童的得分最高。

（2）公立学校的流动儿童在社会支持总分、主观支持维度和客观支持维度上的得分均显著高于打工子弟学校的流动儿童，但两类流动儿童对于社会支持的主动利用程度并无显著差异。

（3）流动女童在社会支持总分、主观支持维度和对支持的利用维度上的得分显著高于流动男童。

（4）广州地区流动儿童在社会支持总分、主观支持维度、客观支持维度和对支持利用维度上的得分均显著高于贵阳地区流动儿童。

（5）流动儿童的社会支持状况随流动时间而呈现出明显的变化趋势，流动时间在三年以上的流动儿童所获得的社会支持水平显著高于流动时间在三年以下的流动儿童。

（6）独生流动儿童与非独生流动儿童的社会支持状况无显著差异。

（7）流动儿童年龄与社会支持总分、主观支持维度得分和对支持利用维度得分存在显著性负相关，流动儿童的年龄越大，其感受到的社会支持水平和主动利用社会支持的程度越低。

四、对策与建议

流动儿童的社会支持水平较低，意味着流动儿童感受、觉察、接受或利用来自于社会各方面包括父母、亲戚、老师、同学、学校和社区等方面的精神或物质支持较少，城市融入水平较低，这对流动儿童的心理发展和社会适应可能会产生一些消极的影响，进而影响到数量众多的农民工家庭，同时也关系到整个国家和社会安定和谐的整体性利益。因此，有必要构建流动儿童的社会支持体系，提高流动儿童的社会支持水平，以此来促进流动儿童的健康成长与发展。但流动儿童问题是一个牵涉面甚广的社会问题，诸如户籍问题、城乡发展二元化问题、社会制度和政策问题，牵一发而动全身。因此，我们尝试在现有的社会条件下提出一些建议和对策，为流动儿童构建良好的社会支持网络，形成持续、稳定的社会支持网络体系。

（一）政府部门的引导和投入

流动儿童社会支持体系的构建，关键在于社区、学校、家庭对流动儿童的关心、支持和帮助，但根本还在于政府部门的引导和投入。

在流动儿童义务教育方面，国务院于 2011 年下发《中国儿童发展纲要（2011—2020 年）》，纲要中明确指出要"坚持以流入地政府管理为主、以全日制公办中小学为主"来解决流动儿童就学问题。但现实情况却不容乐观，流入地政府往往由于教育经费无法落实或责任落实不到位而造成流动儿童上学难的问题依然严峻。流入地政府作为流动儿童义务教育的责任主体，其管理责任和投入责任的缺失是关键因素。因此，流入地政府要以更大的勇气和魄力肩负起"两为主"的责任，一方面可以扩容公立学校招收流动儿童的能力，提升公共教育资源的容量，吸收更多的流动儿童入学；另一方面也要支持民办学校的发展，将公办学校和民办学校（特别是以招生流动儿童为主的打工子弟学校）平等对待，在学校用地、教学设施、生均教育经费等方面给予更大的政策扶持，或通过校际合作的方式，通过无偿或有偿的资源共享方式，开展公办学校资助打工子弟学校活动，鼓励公办学校与打工子弟学校建立合作关系，进行支教、进修、教学交流、教学设施捐赠等活动，使流动儿童在打工子弟学校也能享受到优质的教育资源、老师和同学的关爱和帮助，这对于构建流动儿童的社会支持网络意义重大。

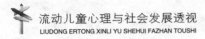

此外，政府部门还应予以正面的宣传和引导，让城市居民了解和认识到外来务工人员对于城市发展的贡献、流动儿童在城市生活和学习的困难，让更多的城市居民（特别是作为邻居时）包容和理解流动儿童，给予流动儿童更多的关爱和支持，消除城市群体对于流动人口、流动儿童的偏见、歧视和社会排斥，使流动儿童能够感受到来自城市的接纳和尊重。同时，给予流动儿童在入学、升学和考试等方面的政策支持，最大限度地保证教育公平。政府部门还可以呼吁更多的社会公益力量、企业爱心人士、慈善组织参与到关爱和支持流动儿童的行动中来，以弥补政府力量的不足。

（二）学校机构的支持和关爱

学校是构建流动儿童社会支持网络的主体。在公立学校中，应当采取混班教学制，让流动儿童与本地儿童在一个班级中共同学习。引导流动儿童与本地儿童积极互动，消除隔阂，促进流动儿童更好地融入城市与学校的生活。公立学校的老师应当具有一定的心理健康教育常识，对流动儿童和本地儿童一视同仁，充分利用教育心理学中"皮格马利翁效应"关爱和支持流动儿童，加强与流动儿童家长的沟通与交流。由于在周末或假期，流动儿童父母忙于工作而无暇顾及孩子，因此，学校层面可以在课余、周末、假期，开展一些多样化的课外活动或社团活动，鼓励流动儿童积极参与，充实流动儿童的日常生活，扩大流动儿童的交往范围，密切流动儿童与社会的联系。

在打工子弟学校，学校层面应尽量为流动儿童创设舒适的教学环境和学习环境，购置必要的教学设施和体育运动器材等，不能忽视环境对流动儿童身心发展的影响。在贵阳市某打工子弟学校调研过程中，我们发现该学校的整体环境比较糟糕。整个学校占地面积（含一个小篮球场）大约一千平方米，校舍共三层，每间教室狭长形分布，只有一扇门和一扇窗户，五十多名流动儿童拥挤在不足四十平方米的环境中，墙上的一块黑板和紧挨学生课桌摆放的一张桌子便是老师上课的教学设施，教室旁边厕所的气味不断散发出来，这与我们对"学校"的概念完全不符。这样的校园环境很难为流动儿童提供必要的关爱和支持，应当引起足够的重视。此外，打工子弟学校应尽力解决教师流动率高、福利待遇差等问题。教师流动率高，意味着教师不能长时间、全身心地投入到教育工作中去，也就谈不上所谓的对于流动儿童"关心与支持"。长此以往，流动儿童无法在学校环境中获得稳定的社会支持。因此，对于学校负责人而言，要充分承担起应有的责任，将教师和流动儿童的利益放在首位，其次才能考虑经济效益问题。

（三）社会组织的参与和活动

正是由于流动儿童这一"弱势群体"愈发引人关注，才有了很多官方或民间社会公益组织参与到关爱流动儿童的队伍中来，社会公益组织的作用也逐渐凸显出来。如以北京为例，"该市服务于流动人口的社会公益组织（含 NGO、基金会和企业）有几十家，更是有一些组织联合起来成立'流动儿童关爱联盟'，为流动儿童提供立体、全方位的服务"[①]。社会公益组织的志愿者通过在社区、学校和家庭三个层面开展帮扶活动，为流动儿童提供课后辅导、阅读、艺术课程、户外拓展活动、夏令营、亲子活动和家庭教养等多元化的教育活动，帮助流动儿童构建社会支持体系、融入城市生活，具有非常现实的积极意义。但应当看到，面对每个城市动辄几十万的流动儿童，社会公益组织的力量还比较薄弱，显然不能让每一位流动儿童都受益。因此，政府和社会各界人士应当大力支持这些社会公益组织的发展，呼吁更多的志愿者投入到志愿服务工作中去，为他们提供切实有力的后续支持。

（四）社区的管理和支持

流动儿童多随父母生活在流动人口较为集中的社区，这也为社

---

① 王琼：《公益组织携手合作，让流动儿童健康成长》，《北京晚报》，2013-1-21。

区关爱和支持流动儿童提供了有利条件。社区可以联合政府与社会公益组织的力量，动员社区居民（包括城市居民和外来务工人员）和专业人士一起，开展多元化的社区活动，促进流动儿童与社区周围居民的交流与沟通，以帮助流动儿童更好地融入社区，从社区中获得一定的社会支持。

社区可以开办"流动儿童之家"，专门开辟 1~2 间活动教室，购置一些必要的文体器材，为流动儿童提供一个安全稳定的课后学习、娱乐场所，并安排 1~2 名工作人员兼任教师，开展指导和管理工作。

社区可以专门设立流动人口的管理部门和人员，负责流动儿童的权益保障和事务管理，发挥社区的社工和志愿者的力量，将流动儿童事务纳入到社区工作中，并作为其中一项重要工作来完成。

此外，打工子弟学校所在社区还应当积极创建安定、和谐的校园外氛围，避免流动儿童遭受校外人员的骚扰和欺负，增强安全感，必要时还可成立"社区护卫队"来保障社区的安定秩序，这也将会给流动儿童带来心理上的社会支持。

第五章 城市流动儿童人格特征及其影响因素研究

一、流动儿童人格特征研究概述

人格（personality）作为心理学上的一个重要概念，其含义因心理学家各自的研究取向不同而存在很大差异，综合各家的看法，人格通常可以理解为"构成一个人的思想、情感及行为的特有模式，这个独特模式包含了一个人区别于他人的稳定而统一的心理品质"[1]。人格的形成与发展受个体的家庭环境、社会文化和学校教育的影响较大，同时，人格作为一种综合性的心理品质，对个体的心理与行为、社会适应，甚至生理反应均有较大的影响。因此，我们可以将人格视为个体心理发展和社会适应过程中重要的中介因素（变量）。

人格特质理论认为，人格特质（或特征，Traits）是决定个体行为的基本特性，是人格的有效组成元素，也是评价人格常用的基本单位。国外学者曾提出多种著名的人格特质理论，有关人格特质的测评也曾经风靡一时，其原因之一就在于心理学家希望，心理学能够像物理学和化学一样，找到人类共同的人格结构，从而揭开人类行为之谜。人格特质理论的创始人，美国心理学家奥尔波特（Allport, G.W.）将人格特质分为两类：共同特质和个人特质，共同特质是指在某一社会文化形态下，大多数人或一个群体所共有的、相同的特

---

① 彭聃龄：《普通心理学（修订版）》，北京师范大学出版社 2004 年版，第 440 页。

质；个人特质是指个体身上所独具的特质，个人特质依据其在生活中的作用可以分为三种：首要特质、中心特质和次要特质。英国心理学家卡特尔（Catell）受化学元素周期表的启发，用因素分析方法对人格特质进行分析，将人格特质分为表面特质和根源特质，并找出 16 种相互独立的根源特质，据此编制了十六种人格因素调查表（简称 16PF）。英国心理学家艾森克（Eysenck）依据因素分析方法把许多人格特质都归结到内外倾（extraversion）、神经质（neuroticism）和精神质（psychoticism）三个基本维度上，并编制了艾森克人格问卷（EPQ）。此外，Costa 和 McCrae 依据西方流行的人格五因素模型，编制了大五人格问卷（NEO PI-R），用于测量人们的五种人格特质：即外倾性（extraversion）、神经质或情绪稳定性（neuroticism）、开放性（openness）、宜人性（agreebleness）和尽责性（conscientiousness），这五个特质的头一个字母合起来可以构成"OCEAN"一词，代表了"人格的海洋"。与此同时，国内学者受到人格研究中国化的影响，也开展了一些本土化的人格特质研究，并在建构符合中国文化和中国国情的人格测评工具方面做出了有益的尝试。中国科学院心理研究所宋维真、张建新等人（1993）编制了《中国人人格测量表》（CPAI）；北京大学王登峰、崔红（2003）依据人格研究的词汇学假设，从词典和日常用语中收集中文的人格特质形容词，通过因素分析的方法，抽取了中国人人格的七大因素：外向性、善良、情绪性、才干、人际关系、行事风格和处世态度，并编制了《中国人人格量表》（QZPS）。

近年来，在人格研究领域还出现一些新的研究成果。美国心理学家 Judge 等人借鉴了 Packer 提出的核心评价（core evaluations）的概念，于 1997 年提出了"核心自我评价"（core self-evaluations）的概念，并将其定义为"个体对自身能力和价值所持有的最基本的评价"[1]。他们认为，核心自我评价可以通过一些特质来描述，这

---

① Judge, T. A., Locke, E. A., Durham, C. C. *The dispositional causes of job satisfaction: A core evaluations approach. Research in Organizational Behavior.* 1997, 19: pp 151-188.

些特质应该具有这样三种特性：以评价为中心、基本性和广泛性。以评价为中心是指相对于描述性而言，不仅是对事实的陈述，还包括对程度的评价；基本性是指位于表面特质之下的根源特质。Cattell（1965）曾把特质划分为表面特质和根源特质，根源特质是一些潜在的特质，它们导致了表面特质的产生；广泛性是指特质的范围要更为广泛和全面。Allport（1961）把特质划分为首要特质和次要特质，首要特质是个体最广泛、最有概括性的特质。特质的范围越广泛，它越能影响到一个人的各方面的行为。依据以上三种核心自我评价的特性，Judge 等从众多的人格特质中筛选出四种特质来描述核心自我评价。这四种特质是自尊（self-esteem）、控制点（locus of control）、神经质（neuroticism）和一般自我效能（generalized self-efficacy）。其中自尊是个体对自身的积极评价。许多研究者都认为自尊是一种相对稳定的人格特质，它形成于青少年的后期且不容易改变（Tharenou，1979）；控制点是 Rotter（1966）提出的概念，把个体分为内控型和外控型两种。将行为与随后的结果视为一致者为内控型，将行为之后的结果视为机遇、运气等其他外部因素造成者为外控型；神经质是"大五"人格特质之一，指的是个体情绪的波动状况；Bandura（1982）将自我效能定义为个体能否完成预期环境中的某一行为的主观判断，个体自我效能的判断可以在水平、强度和一般性（普遍性）三个维度上变化。由于一般性自我效能最类似于特质（也就是说很少依赖于具体情境），因此 Judge 等只对一般自我效能这一维度进行研究。

　　Judge 等人认为核心自我评价是一种处于自尊、控制点、神经质和一般自我效能感四种人格特质之下的高阶人格结构，它可以更有效地评估个体的人格倾向，相关研究结果也发现核心自我评价对工作行为变量、学业行为变量的预测效度较高。国内研究者也发现，核心自我评价概念在中国文化背景下同样存在，并可以作为人格评价的重要指标（杜卫，张厚粲，朱小姝，2007；吴超荣，甘怡群，2005）。Judge 等人（2003）还编制了直接用于测量核心自我评价的工具——核心自我评价量表（Core Self-Evaluations Scale ，简称

CSES）。该量表共 12 个项目，单一维度，信效度良好且使用简便，被广泛应用于管理心理学、教育心理学等领域。中文版核心自我评价量表最早由杜建政等人（2007）进行了修订，修订后的量表共 10 个项目，具有较好的信度和效度，可以作为一种有效实用的人格测评工具来使用。

在流动儿童的人格特征方面，王瑞敏、邹泓（2008）的研究表明，打工子弟学校流动儿童、混合学校流动儿童、公立学校城市儿童三种不同类型儿童的人格特点存在较大差异，表现为在掌控感、乐观和外向性、宜人性、谨慎性、开放性等正性人格特质上流动儿童表现更少，而在负性人格特质情绪性上则表现更多；也就是说，打工学校流动儿童的人格健全状况最差，且流动儿童的人格特征（人格五因素）对主观幸福感起着主要的影响作用。陈美芬（2005）采用卡特尔儿童十四种人格问卷进行调查，结果表明，流动儿童的人格在诸多因子上与本地儿童有显著差异，如乐群性、聪慧性、稳定性、轻松性、敏感性、充沛性、世故性、忧虑性和内外向等因素。流动儿童敏感，容易感情用事，自卑感较强，有较大的依赖性，遇事忧虑不安，烦恼自扰，抑郁压抑。郑友富、俞国良（2009）采用艾森克人格问卷（儿童版）对 527 名流动儿童的调查结果表明，流动儿童精神质比较明显，内向，情绪不稳定，掩饰性不强；他们比较容易焦虑、紧张、抑郁，孤僻、离群且倔强固执，对遇到的各种刺激的内心反应过于强烈，而且难以平复下来；他们与人保持一定距离，甚至一些儿童对同伴和动物缺乏人类应有的情感。刘迪（2013）的研究发现，流动儿童在艾森克人格问卷（儿童版）三个维度，即内外顷、神经质和掩饰性上的得分与全国常模存在显著性差异，精神质维度差异不显著。流动儿童的性格偏内向，喜欢独处，不善于人际交往，往往对人保持一定距离，存在焦虑、紧张、易怒等情绪不稳定的表现，掩饰性得分稍低，更加朴实些，社会成熟度低于城市儿童。

此外，有研究还发现，流动儿童的自尊水平显著低于城市儿童的自尊水平（宋晓燕，2012），流动儿童的自尊发展水平存在显著的校际差异，混合公立学校流动儿童的自尊发展水平显著高于打工子弟学校的流动儿童（李小青、邹泓、王瑞敏等，2008）。一方面，流动儿童的社会支持对其人格特征有显著的预测作用，主观支持和支持利用度对人格的三个维度（内外向、神经质、精神质）均有显著的预测作用（余良、赵守盈、赵福艳，2009）；另一方面，流动儿童的人格特征也能够较好地预测其心理健康水平，是影响其心理健康水平的重要因素（李承宗、周娓娓，2011）。

　　综上所述，流动儿童的人格特征研究已经引起部分学者的关注，并开展了相关研究，但总体而言，已有研究多为群体之间的对比研究或探讨不同变量之间的关系研究，有关流动儿童人格特征的影响因素、形成机制和后果变量的系统研究并不多见。一方面，我们应当关注不同群体之间的人格特征与规律，为开展流动儿童人格培养的工作寻求依据；另一方面，我们更应当关注流动儿童所处的家庭环境、父母教养方式、社会支持状况对于人格特征的影响作用，人格特征在流动儿童心理发展和社会适应过程中所起的作用，为引导和培养流动儿童健康的人格特点，为城市流动儿童更好地融入城市生活，为流动儿童的身心发展和教育实践提供实证依据。

　　鉴于核心自我评价量表在测量人格特征方面的有效和实用性，本研究拟采用 Judge 等人编制，杜建政等人修订的中文版核心自我评价量表（CSES），对流动儿童的人格特征进行调查研究。本研究中，该量表的内部一致性系数为 0.77，问卷的结构效度良好，验证性因素分析的拟合指数：$x^2/df = 4.51$，NFI = 0.90，TLI = 0.88，CFI = 0.92，RMSEA = 0.078。研究对象的基本情况见表 2-1 和 2-2。

二、研究结果与分析

（一）流动儿童核心自我评价的状况

　　对流动儿童的核心自我评价得分进行描述性统计分析，具体结果如表 5-1 所示。为便于直观分析流动儿童核心自我评价的得分情况，我们将项目总分除以项目数，再计算项目平均分。

表 5-1　流动儿童核心自我评价得分的描述性统计分析

变　量	n	最低分	最高分	平均数	标准差
核心自我评价	768	1.5	5	3.64	0.66

流动儿童核心自我评价的项目平均分为 3.64 ± 0.66，最低分为 1.5，最高分为 5，得分情况基本符合正态分布。结果表明，流动儿童的核心自我评价得分处于中等偏上水平（理论得分范围 1 ~ 5，理论中值为 3）。由于暂无以儿童作为被试的同类研究结果，我们无法将本研究中流动儿童的得分情况与其他研究直接进行比较，故本研究主要进行横向的对比与分析。

（二）两类流动儿童、本地儿童的核心自我评价差异

将打工子弟学校流动儿童、公立学校流动儿童和公立学校本地儿童的核心自我评价得分情况进行单因素方差分析，具体结果见表 5-2 所示。

表 5-2　两类流动儿童、本地儿童核心自我评价得分单因素方差分析

儿童类别	平均数	标准差	F 值	P 值
打工子弟学校 流动儿童	3.61	0.64		
公立学校 流动儿童	3.71	0.69	9.39	0.000
公立学校 本地儿童	3.86	0.69		

由表 5-2 可知，两类流动儿童、本地儿童的核心自我评价得分存在显著性差异（$F = 9.39$，$P = 0.000$）。公立学校本地儿童核心自我评价的得分最高，公立学校流动儿童的得分居中，打工子弟学校流动儿童的得分最低（见图 5-1）。

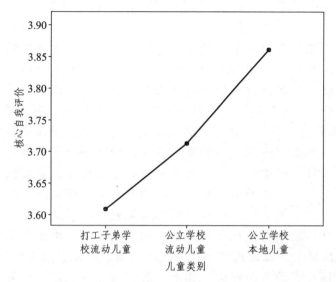

图 5-1　两类流动儿童、本地儿童核心自我评价得分碎石图

　　进一步采用 LSD 法进行事后多重比较，结果发现，三类群体两两之间均存在显著性差异。具体而言，公立学校本地儿童的核心自我评价得分显著高于公立学校流动儿童的核心自我评价得分（平均数差异 = 0.15，$P = 0.026$），公立学校本地儿童的核心自我评价得分显著高于打工子弟学校流动儿童的核心自我评价得分（平均数差异 = 0.25，$P = 0.000$），同时，公立学校流动儿童的核心自我评价得分也显著高于打工子弟学校流动儿童的核心自我评价得分（平均数差异 = 0.10，$P = 0.040$）。LSD 事后多重比较的具体结果如表 5-3 所示。

表 5-3　核心自我评价得分在儿童类别不同水平上的 LSD 事后多重比较

儿童类别（I）	儿童类别（J）	均值差（I−J）	标准误差	P 值
打工子弟学校流动儿童	公立学校流动儿童	− 0.10	0.05	0.040
	公立学校本地儿童	− 0.25	0.06	0.000
公立学校流动儿童	公立学校本地儿童	− 0.15	0.07	0.026

核心自我评价是一种深层的人格结构，包括自尊、控制点、神经质和一般自我效能感等四种人格特质。核心自我评价得分较高意味着儿童的自尊水平和情绪稳定性更高，更能主动控制自己的行为（内控），并对自己充满信心，一旦确定目标就会坚持不懈；相反，核心自我评价得分较低意味着儿童的自尊水平较低，情绪稳定性较差，容易担心、害怕和感觉无助，在行为上更加被动（外控），不太相信自己的能力，遇到困难容易退缩。从本研究的结果来看，一方面，流动儿童的核心自我评价显著低于本地儿童；另一方面，打工子弟学校流动儿童的核心自我评价也显著低于公立学校流动儿童。这种结果意味着流动儿童的人格发展状况不良，尤其是打工子弟学校流动儿童的人格发展状况最差，这将给流动儿童自身、家庭乃至社会带来不小的负面影响。由于流动儿童和父母常被贴上"城市边缘人"的标签，他们的社会经济地位较低，常常得到外界的负面评价，如土、脏、没礼貌、没素质等，再加上我国城乡二元户籍制度，流动儿童无法享受与城市本地儿童相同的待遇，会让流动儿童意识到自己与本地儿童的不同，从而降低核心自我评价水平，逐渐对流动儿童的人格发展造成消极影响。因此，社会各界和政府部门应重点关注流动儿童的人格发展问题，在流动儿童的教育实践中，应当着力培养流动儿童积极、健康的人格。

（三）流动儿童核心自我评价的性别差异

对不同性别流动儿童的核心自我评价得分进行独立样本 t 检验，结果发现，流动男童和流动女童在核心自我评价得分上的差异并不显著（$t = 0.41$，$P = 0.682$），结果如表 5-4 所示。

表 5-4　不同性别的流动儿童核心自我评价得分独立样本 t 检验

变　　量	性别	n	平均数	标准差	t 值	P 值
核心自我评价	男	423	3.64	0.65	− 0.41	0.682
	女	310	3.66	0.69		

同时，流动儿童性别（男、女）与儿童类别（公立学校流动儿童、打工子弟学校流动儿童）在核心自我评价得分上的交互效应也不显著（$P > 0.05$）。

流动男童与流动女童的核心自我评价得分无显著差异,这种结果表明，不同性别流动儿童的人格发展状况在整体上比较一致。由于儿童人格的发展受家庭教育、学校环境等后天因素的影响较大，而不同性别流动儿童的城市生活环境、父母教育方式和所在学校环境的差别不大，因此造成流动男童与流动女童的人格状况差异不明显。结果提示，流动男童与流动女童在自尊、自我效能感、情绪稳定性和内外控等方面的发展状况比较一致，并没有呈现出明显的性别差异。这一结果与李承宗、周娓娓（2011），陈美芬（2005）等人的研究结论并不一致，其原因可能是由于在不同的研究中，研究者所使用的研究工具不同所导致的。在后续研究中，研究者应当使用同一种研究工具进行验证。

（四）流动儿童核心自我评价的流动时间差异

我们按照流动儿童在城市流动时间的差异将流动儿童分为四组，采用单因素方差分析的方法，对各组流动儿童的核心自我评价得分进行比较，具体结果如表 5-5 所示。

表 5-5　不同流动时间的流动儿童核心自我评价得分单因素方差分析

变　量	流动时间	n	平均数	标准差	F 值	P 值
核心自我评价	不到一年	65	3.57	0.68	3.45	0.016
	一年至三年	83	3.46	0.58		
	三年以上	378	3.70	0.65		
	从小就在城市	240	3.64	0.68		

从表 5-5 可知，不同流动时间的流动儿童在核心自我评价得分上存在显著性差异（$F = 3.45$，$P = 0.016$）。进一步 LSD 事后多重比

较结果表明，这种差异主要存在于流动时间在一年到三年与三年以上、从小就在城市的流动儿童之间。流动时间在一年到三年之间的流动儿童，其核心自我评价得分较低，流动时间在三年以上、从小就在城市的流动儿童得分较高。流动时间在一年以下的流动儿童得分居中，与其他三个组别的得分差异均不显著。LSD 事后多重比较结果如表 5-6 所示。

表 5-6　核心自我评价得分在流动时间不同水平上的 LSD 事后多重比较

流动时间（I）	流动时间（J）	均值差（I−J）	标准误差	P 值
不到一年	一年至三年	0.11	0.11	0.308
	三年以上	−0.13	0.09	0.135
	从小就在城市	−0.07	0.09	0.421
一年至三年	三年以上	−0.24	0.08	0.002
	从小就在城市	−0.18	0.08	0.027
三年以上	从小就在城市	0.06	0.05	0.285

流动时间在一年到三年之间以及在一年以下的流动儿童，其人格的发展状况较差，这可能是由于在城市生活过程中所产生的陌生感、疏离感，以及在一定程度上感觉受到社会排斥所导致的。在城市生活时间较短的流动儿童，对周围环境不熟悉，社会支持水平和对支持的主动利用水平都较低，加上是外来人口，可能会受到社会上某些人的排斥，以致在社会比较过程中，降低自己的自尊，担心、害怕和感觉无助的情况尚有存在，这在一定程度上会降低儿童的核心自我评价水平。结果提示，刚进入城市生活的流动儿童更需要父母、同学、老师及社会人士的关爱和呵护，使其消除不安全感，鼓励和帮助其尽快融入城市生活。

（五）流动儿童核心自我评价的城市差异

生活在不同城市环境中的流动儿童，其人格特征是否存在差异？我们进一步对生活在不同城市的流动儿童核心自我评价得分情况进行独立样本 t 检验，结果如表5-7所示。

表 5-7　不同城市的流动儿童核心自我评价得分独立样本 t 检验

变　量	城市	n	平均数	标准差	t 值	P 值
核心自我评价	广州	286	3.71	0.64	2.12	0.035
	贵阳	482	3.60	0.67		

从表5-7可知，不同城市的流动儿童在核心自我评价得分（ $t=$ 2.12， $P=0.035$ ）上存在显著性差异，广州地区流动儿童的核心自我评价得分高于贵阳地区流动儿童的核心自我评价得分。通过第三章和第四章内容的论述，我们认为广州地区流动儿童父母教养方式和社会支持水平在一定程度上均高于贵阳地区的流动儿童，而这些方面又是影响流动儿童人格发展的重要因素。因此，两地流动儿童的人格状况存在一定的差异，其原因可能是由于两地流动儿童的父母教养、家庭关爱、学校老师支持及同学、朋友帮助等方面的差异所造成的，生活在广州地区流动儿童的人格发展状况优于贵阳地区的流动儿童。

（六）独生与非独生流动儿童的核心自我评价差异

独生与非独生子女具有同样的身心发展规律，但兄弟姐妹关系会在儿童社会化过程中产生作用。独生子女除了与父母之间的亲子关系之外，没有兄弟姐妹这层关系，因此其社会化和人格发展可能会带有自身的一些特点。

对独生与非独生流动儿童的核心自我评价得分进行独立样本 t 检验，结果发现，独生与非独生的流动儿童在核心自我评价得分（ $t=0.18$ ， $P=0.858$ ）上的差异并不显著（见表5-8）。

表 5-8　独生与非独生流动儿童核心自我评价得分独立样本 *t* 检验

变　量	独生性质	*n*	平均数	标准差	*t* 值	*P* 值
核心自我评价	独生	109	3.66	0.68	0.18	0.858
	非独生	656	3.64	0.65		

　　此外，流动儿童的独生性质（独生、非独生）与性别（男、女）在核心自我评价得分上的交互效应、流动儿童的独生性质与儿童类别（公立学校流动儿童、打工子弟学校流动儿童）在核心自我评价得分上的交互作用均不显著（$P > 0.05$）。

　　本研究中，独生与非独生流动儿童的核心自我评价得分并无显著差异，这与我们的假设并不一致。关于独生与非独生儿童的身心发展问题，大多数研究者认为，独生子女与非独生子女并无太多的差异，但由于独生子女在家庭中所处的地位特殊，容易养成其性格上的特异性，但在本研究中，这种差异并未在独生与非独生流动儿童群体中表现出来。之所以出现这种情况，其原因可能在于：虽然流动儿童可能在家庭中受到父母的关爱较多，但由于流动儿童父母在外打工时间较多，很多流动儿童父母因为忙于生计而忽略了对孩子的陪伴和教育，导致父母对流动儿童人格的影响作用比较微弱。如广东省妇联与广东省家庭教育学会合作完成的一项关于"广东省流动儿童家庭状况"的调查结果显示，"有 1/3 流动儿童家长每周与孩子相处的时间不足 7 小时，有一部分更不到 1 小时，仅 1/10 左右的流动儿童表示，父母会经常带自己去玩"[①]。这种情况下，流动儿童人格发展更多地受到其他家庭以外因素的影响，特别是流动儿童入学以后，其人格的形成和发展更多地受到来自于学校环境（诸如学校校风、班级班风、老师和同学等）和社会环境（社会文化、社会排斥或关爱等）的影响。独生或非独生的流动儿童均生活在相同或相似的学校环境和社会环境之中，从而导致两类流动儿童的人格发展状况基本一致。

---

　　① 黎蘅，林亦旻：《3 成流动儿童与父母每周相处不足 7 小时》，《广州日报》，2013-5-28。

（七）年龄与流动儿童核心自我评价的关系

本研究使用皮尔逊积差相关考察流动儿童的年龄与核心自我评价得分的相关情况。相关分析的结果表明，流动儿童年龄与核心自我评价得分存在显著性负相关（$r = -0.138$，$P < 0.01$），也就是说，流动儿童的年龄越大，其核心自我评价得分反而越低。同时，我们还绘制了流动儿童核心自我评价随年龄增长而变化的碎石图（见图5-2，10岁组流动儿童只有9人，未进行分析）。

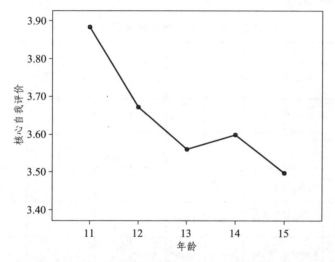

图 5-2 不同年龄流动儿童的核心自我评价得分碎石图

流动儿童核心自我评价随年龄增长而呈现下降趋势，这种情况与流动儿童社会支持的发展与变化趋势比较一致。之所以产生这种结果，其原因可能在于随着流动儿童年龄的增长，流动儿童的自我意识不断增强，虽然身居城市，但由于与城市孩子的生活差距和某些方面的不平等，使他们始终感觉处于城市边缘，关于自己身份的意识也逐渐清晰，外来人口的身份所带来的压力和烦恼也不断增加，在社会生活及学校学习中社会排斥和歧视知觉有所增强，再加上流动儿童社会支持总体水平、主观支持水平、对社会支持的利用度水平均随年龄增长而呈现下降趋势，导致流动儿童的自尊水平和自我评价有所下降，遇到刺激容易情绪不稳定，克服困难的决心和信心不足。

（八）流动儿童核心自我评价与父母教养方式、社会支持的相关情况

本研究使用皮尔逊积差相关考察流动儿童核心自我评价得分与六种父母教养方式、社会支持总分和三个维度得分的相关情况。结果如表 5-9 所示。

表 5-9　各变量之间的相关分析（r）

变量	1	2	3	4	5	6	7	8	9	10
1. 核心自我评价	1									
2. 父亲拒绝维度	−0.30**	1								
3. 父亲情感温暖	0.40**	−0.43**	1							
4. 父亲过度保护	−0.16**	0.50**	−0.10**	1						
5. 母亲拒绝维度	−0.29**	0.73**	−0.36**	0.39**	1					
6. 母亲情感温暖	0.40**	−0.36**	0.83**	−0.09*	−0.48**	1				
7. 母亲过度保护	−0.19**	0.42**	−0.13**	0.79**	0.50**	−0.13**	1			
8. 社会支持总分	0.45**	−0.30**	0.54**	−0.12**	−0.29**	0.54**	−0.19**	1		
9. 主观支持维度	0.42**	−0.31**	0.53**	−0.10**	−0.32**	0.53**	−0.19**	0.85**	1	
10. 客观支持维度	0.29**	−0.19**	0.33**	−0.09*	−0.18**	0.34**	−0.10**	0.75**	0.40**	1
11. 对支持利用度	0.35**	−0.19**	0.39**	−0.07	−0.17**	0.35**	−0.14**	0.73**	0.51**	0.33**

从表 5-9 可以看出，流动儿童核心自我评价与父亲情感温暖、母亲情感温暖、社会支持总分、主观支持维度、客观支持维度和对支持利用维度的得分均呈显著性正相关（均 $P < 0.01$），相关系数为 0.29～0.45；核心自我评价与父亲拒绝维度、母亲拒绝维度、父亲过度保护维度和母亲过度保护维度呈显著性负相关（均 $P < 0.01$），相关系数为 -0.16～-0.30。

此外，除对支持利用度与父亲过度保护得分相关不显著以外，流动儿童的社会支持总分和三个维度得分与 6 种父母教养方式的相关也均达到了显著性水平（均 $P < 0.05$）。

结果表明，流动儿童的人格状况（核心自我评价）与家庭环境（父母教养方式）和社会环境（社会支持状况）密切相关。流动儿童的社会支持水平越高，父母给予的情感温暖和关爱越多，其人格发展状况就越好；相反，流动儿童的社会支持水平越低，父母过度保护和拒绝、批评的教养方式越多，其人格发展状况就越差。

通过前面的内容分析，我们已经了解到，流动儿童的父母在城市中所从事的工作大多是工人、保安或小商贩，因忙于生计，疏于对孩子的情感关爱，无法关心到流动儿童各方面的发展情况，重养轻教，平时只能给予孩子生存所需物质上的满足，精神上的关注相对较少；教育子女方法简单粗暴，甚至部分父母将生活的压力和负担转嫁到孩子身上，只要孩子稍有不听话或者表现不好，很容易就会被父母"暴打"以发泄心中怨气。这种家庭教育方式和早期的生活环境将会导致流动儿童人格问题突出。

（九）父母教养方式、社会支持对流动儿童核心自我评价的预测

在个体人格的成因上，当代心理学家的共同认识是：人格是在遗传和环境的交互作用下逐渐形成的，其中，家庭环境因素和学校环境因素是早期儿童人格形成和发展的重要因素。接下来，本研究在相关分析的基础上，探讨父母教育方式、社会支持对流动儿童核

心自我评价的预测作用。

本研究采用分层回归分析方法考察在控制人口统计学变量的情况下,六种父母教养方式和社会支持的三个维度对流动儿童核心自我评价的预测作用。首先对人口统计学变量进行虚拟编码,第一步采用强迫进入法纳入性别、年龄、儿童类别、独生性质、所在城市和流动时间,第二步采用逐步进入法纳入六种父母教养方式和社会支持的三个维度等环境变量,以考察在控制了人口统计学变量之后,环境因素对于流动儿童核心自我评价的影响作用。具体结果如表 5-10 所示。

表 5-10　父母教养方式、社会支持对核心自我评价的分层回归分析

	核心自我评价		
	β	$\triangle R^2$	R^2
第一层　控制变量（enter）		0.036	0.036
性别	0.056		
年龄	−0.027		
儿童类别	−0.041		
独生性质	0.006		
所在城市	0.008		
流动时间 1	−0.025		
流动时间 2	0.083		
流动时间 3	0.016		
第二层　主效应（stepwise）		0.229	0.265
主观支持维度	0.181**	0.155	
母亲情感温暖维度	0.205**	0.044	
父亲拒绝维度	−0.133**	0.016	
对支持利用度	0.143**	0.014	
F 值	16.29**		

注：**$P<0.01$；*$P<0.05$　变量虚拟编码：性别（男＝1，女＝0）；儿童类别（打工子弟学校流动儿童＝1，公立学校流动儿童＝0）；独生性质（独生＝1，非独生＝0）；所在城市（广州＝1，贵阳＝0）；流动时间 1（一年至三年＝1，其他＝0），流动时间 2（三年以上＝1，其他＝0），流动时间 3（从小就在城市＝1，其他＝0）。

　　从分层回归分析的结果来看，人口统计学变量对于流动儿童核心自我评价的影响均不显著（均 $P > 0.05$）；在环境因素中，只有主观支持维度、母亲情感温暖维度、父亲拒绝维度和对支持的利用度等四个变量进入到回归方程，对于流动儿童核心自我评价的影响达到显著性水平（均 $P < 0.01$），可以显著预测流动儿童的核心自我评价水平。

　　从回归系数的大小来看，主观支持维度对流动儿童核心自我评价的影响最大，其次是母亲情感温暖维度和父亲拒绝维度，最后是对支持的利用维度。主观支持是流动儿童对于社会支持的主观感受和情感体验，也是其对于社会支持的满意程度。一般认为，主观支持比客观支持更有意义，对个体的影响作用也更大，本研究结果比较支持这一观点，即心理上的支持对流动儿童的人格影响作用较大。对支持的利用度是流动儿童主动利用社会支持的程度，在本研究中，对社会支持利用程度的高低也可以显著预测流动儿童的核心自我评价，利用程度较高、更为主动的流动儿童，其核心自我评价水平就越高；利用程度较低、越被动的流动儿童，其核心自我评价水平也越低。同时，在父母教养方式中，母亲的情感温暖和父亲的拒绝对流动儿童人格的影响作用较大，也就是说，流动儿童受到来自于母亲的情感温暖和关爱越多，来自于父亲的批评、拒绝或惩罚越少，其核心自我评价水平就越高。相反，如果流动儿童受到父亲的批评、拒绝或惩罚较多，而母亲给予的情感温暖和关爱较少，这将直接对流动儿童的核心自我评价产生消极影响，导致流动儿童表现出自卑、内向、依赖和情绪不稳定等人格特点。这些研究结果与钱铭怡、夏国华（1996），曲晓艳、甘怡群和沈秀琼（2005），王中会、罗慧兰和张建新（2006）的研究结论比较一致，但也存在一定的差异，如在本研究中，父亲情感温暖维度并未进入回归方程，对流动儿童核心自我评价的影响并不显著。

　　事实上，关于人格的家庭成因一直是人格心理学领域的热门话题，通常研究者把家庭的教养方式分为三类，不同的教养方式对孩子的人格特征具有不同的影响。第一类是权威型教养方式，采用这种方式的父母在子女教养中，表现得过于支配，孩子的一切都由父母来控制，在这种环境下长大的孩子容易形成消极、被动、服从、怯懦，做事缺乏主动性，甚至是不诚实的人格特征。第二类是放纵型的教养方式，采用这种方式的父母对孩子过于溺爱，让孩子随心所欲，在这种环境下长大的孩子多表现为任性、幼稚、自私、野蛮、无礼、独立性差等。第三类是民主型教养方式，父母与孩子在家庭中处于一种平等和谐的氛围中，父母尊重孩子，并给予孩子一定的自主权和正确的指导，在这种环境下长大的孩子容易形成一些积极的人格特质，如活泼、快乐、自立、善于交往、富于合作等。因此，家庭环境可以塑造个体不同的人格特质，本研究结果与上述观点比较一致。但由于流动儿童家庭关系的特殊性，流动儿童父母往往与孩子每天相处的时间不多，加之流动儿童父母的教养方式和教育观念有一定偏差，所以，流动儿童人格的发展会呈现出一些独特的特点。

（十）父母教养方式、社会支持对流动儿童核心自我评价影响的路径分析

为进一步验证流动儿童父母教养方式、社会支持对其人格状况的影响作用，我们在相关分析和回归分析的基础上进行路径分析。首先建立母亲情感温暖、父亲拒绝、主观支持和对支持利用度对核心自我评价影响的饱和模型，通过对饱和模型标准化回归系数的显著性分析，我们得到了母亲情感温暖、父亲拒绝、主观支持和对支持利用度对核心自我评价影响的四条路径系数、对核心自我评价解释的方差变异量等。具体结果如图 5-3 所示。

母亲情感温暖、父亲拒绝、主观支持和对支持利用度对核心自我评价影响的路径系数分别为 0.187， - 0.147，0.198 和 0.149，核心自我评价被上述四个变量解释的变异量为 25.3%（$R^2 = 0.253$），占总变异量的 1/4 左右，这与分层回归分析的结果比较一致。

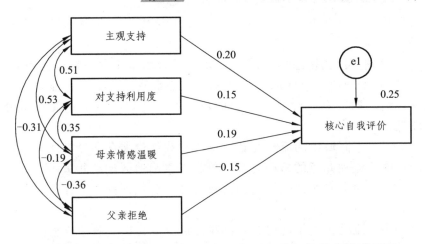

图 5-3　父母教养方式、社会支持对核心自我评价影响的路径图

本研究结果显示，在父母教养方式和社会支持等环境因素中，母亲情感温暖、父亲拒绝、主观支持和对支持利用度对核心自我评价的影响均达到了显著性水平，且对于核心自我评价解释的变异量占总变异量的 25.3%。结果表明，一方面，母亲的情感温暖和父亲的批评拒绝、儿童自身所感受到的主观支持和对于社会支持的主动利用程度能够显著地影响流动儿童的人格发展和人格培养，这些均是流动儿童人格形成的重要影响因素；另一方面，流动儿童的人格发展状况还取决于本研究变量之外的其他一些因素，可能涉及儿童自身的自我意识、父母的人格状况、师生同伴关系或家庭、校园与社会文化等，这有待于我们进一步去深入探索和研究。总之，流动儿童人格是先天和后天的合金，是遗传和环境交互作用的结果。在流动儿童人格的形成过程中，上述各个因素对其人格的形成和发展会起到不同的作用，其中家庭教育和社会支持起到了关键性的作用。

三、研究结论

（1）公立学校本地儿童的核心自我评价显著高于公立学校流动儿童和打工子弟学校流动儿童的核心自我评价，公立学校流动儿童的核心自我评价也显著高于打工子弟学校流动儿童的核心自我评价。

（2）不同性别的流动儿童在核心自我评价上不存在显著性差异。

（3）不同流动时间的流动儿童在核心自我评价上存在显著性差异，流动时间在一年到三年之间以及在一年以下的流动儿童得分较低。

（4）不同城市的流动儿童在核心自我评价上存在显著性差异，广州地区流动儿童的核心自我评价高于贵阳地区流动儿童。

（5）独生与非独生的流动儿童在核心自我评价上不存在显著性差异。

（6）流动儿童年龄与核心自我评价得分存在显著性负相关。

（7）流动儿童核心自我评价与父母情感温暖、社会支持总分和三个维度得分均呈显著性正相关，与父母拒绝、父母过度保护呈显著性负相关。

（8）主观支持、对支持利用度、母亲情感温暖和父亲拒绝等四个变量可以显著预测流动儿童的核心自我评价水平，核心自我评价被四个变量所解释的变异量为 25.3%。

四、对策与建议

随着改革开放的深入和市场经济的不断发展，流动人口的规模会越来越大，伴随而来的流动儿童问题逐渐凸显出来。一方面，流动儿童家庭的教育意识淡薄，很多父母由于文化程度低而又整天忙于生计，重养轻教，存在一些诸如缺乏沟通与关爱、过度保护或简单粗暴批评与拒绝等不良的父母教养方式；另一方面，学校和社会对流动儿童的关注和支持力度不够，不能有效地弥补家庭教育的缺失，造成流动儿童的人格发展状况不良。本研究中，流动儿童在人格状况上的问题主要表现在：与城市本地儿童相比，流动儿童的自尊心不强，情绪稳定性差，遇到问题容易担心、害怕和感觉无助，行为上比较被动，不太相信自己的能力，遇到困难容易退缩。但在两类流动儿童的对比中，我们也发现一种情况，即公立学校流动儿童的人格发展状况优于打工子弟学校的流动儿童。同时，社会支持水平和父母教养方式与流动儿童的人格发展状况密切相关。这为我们关注流动儿童成长、培养流动儿童人格的教育实践活动提供了一些实证依据。

由于公立学校存在诸多的优越性，很多流动儿童家长希望将孩子送入公立学校就读。但目前的矛盾是，城市的公立学校教育资源非常有限，远远不能满足数量庞大的流动儿童的入学需求。这就需要我国政府从制度上进行顶层设计，一方面尽量扩容公立学校招收流动儿童的能力，吸纳更多的流动儿童到公立学校中入学；另一方面要监督和支持打工子弟学校的发展，提升打工子弟学校的教育和教学质量，比如控制班级学生人数、提高师生比例和教师学历等，在教育经费和教师人才方面给予更大的扶持，使流动儿童在打工子弟学校也能享受到优质教育，促进流动儿童健康人格的发展。

一位打工子弟学校的教师在访谈中曾提到打工子弟学校存在的"三流动"现象：学生流动、教师流动、教学环境流动。学生跟随父母在打工所在城市生活和学习，父母工作地点的变化会导致学生就读学校发生变化。在教师的流动方面，这位教师说："很多年轻的（教师），他在这干一个学期或两个学期，工作强度很大，他觉得受不了，就走了。他来之前就没有打算在这里教（书），就把这些娃娃闪到（不管）了。长此以往，这些娃娃根本学不到什么东西。"在教学环境的流动方面，这位教师说："（我们）这个学校的硬件和软件太欠缺了。我们学校是租的场地，早晚要面临着拆迁，一拆迁学生就走了，到别的学校读书。如果经常换学校，学生的环境不一样，面对的老师也不一样，需要适应。另外，我们学校的环境很差。操场非常小，学校一千多名学生，体育课轮换上，体操轮换做。以国家的（标准），学生每天需要进行两个小时的体育锻炼，但他们一个星期都得不到两个小时的锻炼。而且学校的硬件设施也很差，又没有专门的语音教室，普通教室也不够。你看到学校教室没？很挤的。校长也希望教学环境好一点，但空间就这么大，学生只能挨着坐，没办法。"三种流动情况的出现，使得打工子弟学校的教育和教学质量堪忧。因此，政府部门应当重点关注流动儿童的生存环境问题，制定切实有效的政策方针，保障流动儿童的受教育权益，给流动儿童创建稳定、安全的学习和生活环境，这对于流动儿童的人格发展将具有深远的影响。

在家庭教育方面，流动儿童父母的教养方式存在一定的问题，主要表现在：情感温暖和关爱、心灵沟通等积极方式过少，批评、拒绝和惩罚等消极方式过多。有的父母是忙于工作而无暇教育孩子，有的父母则是不懂得教育孩子的方法和技巧，通常认为孩子有吃有穿就行了，最后成为孩子成长和发展的旁观者。因此，政府、社区、学校和社会组织等机构有义务和责任帮助流动儿童父母改善家庭教育的方式与方法，给流动儿童营造一个温馨、和谐的家庭氛围。政府、社区和社会组织可以在流动人口较为集中的城市社区开办一些公益性质的流动儿童家长学校，组织一批相对固定和专业的教师，定期或不定期到这些学校对流动儿童的家长进行集中的免费培训。一方面，重在引导流动儿童家长重视对孩子的教育，帮助他们认识家庭教育对于儿童人格培养的重要性；另一方面，传授一些与孩子沟通和交流的方法和技巧，分享孩子成长的心得体会，解答他们在教育孩子过程中的疑惑，从而为流动儿童健康人格发展创造良好的家庭环境。

第六章　城市流动儿童心理韧性及其影响因素研究

一、儿童心理韧性研究概述

心理韧性（Resilience，又称心理弹性、心理复原力等）通常是指个体面临逆境、创伤、悲剧、威胁或重大压力时的良好适应过程，意味着对困难经历的"反弹"[①]。心理韧性的概念源于 20 世纪 50 年代精神病学、变态心理学对于压力处理、脆弱性等概念的研究，并于 20 世纪 80 年代正式提出。起初，研究者把处境不利儿童看作一个同质的、不分化的群体，通过与正常儿童的配对比较研究，找到了一系列导致儿童处境不利的危险因素，如贫穷、父母教养质量差、社会支持少等，以至于在 20 世纪 80 年代之前，研究者普遍认为，处境不利一定会导致儿童发展不利，处境不利儿童日后的成就水平、适应能力必定低于正常儿童，他们的发展遵循着"处境不利—压力—适应不良"的直线模型。直到 20 世纪 80 年代以后，研究者才开始注意到，以往的研究只专注于正常儿童与处境不利儿童的对比，很少注意处境不利儿童群体内的变异以及个体之间的差异。研究者发现，面对同样的压力环境或压力事件，不同的个体存在显著的个体差异。有的人可以采取灵活策略获得良好的发展，有的人则正好相反。研究者将这种个体差异的现象归结于心理韧性差异所导致的结果，并随即开展了大量的研究。

寻找心理韧性的保护性因素和危险性因素是早期儿童心理韧性

[①] American Psychology Association (APA). *The Road to Resilience: What is resilience?* 2011.7. http://www.apa.org/helpcenter/road-resilience.aspx

流动儿童心理与社会发展透视
LIUDONG ERTONG XINLI YU SHEHUI FAZHAN TOUSHI

的研究重点。所谓保护性因素是指能够减轻处境不利儿童所受到的消极影响，促使儿童弹性发展的因素，它与危险性因素是相对应的。研究思路大致如下：首先鉴定出两类儿童，一类适应或弹性较好的儿童，另一类适应不良或弹性较差的儿童；接下来通过两类儿童的对比分析，寻找心理韧性的保护性因素和危险性因素，如个体因素、家庭因素或社会因素等。结果发现，"儿童自身积极的人格特点（如气质良好、内控制点）、性别（青少年前期为女，青少年期为男）、移情、有吸引力、有计划能力、平均的智力水平、较高的社会技能、良好的父母教养方式、父母关系和谐、良好的家庭经济状况、热心、支持性的父母、良好的亲子关系、成功的学校经验和社会支持网络（亲戚、社会团体、国家的物质和情感支持、代为照顾儿童的人数）等因素均是儿童心理韧性的保护性因素，而贫穷、不良的父母教养方式和缺乏社会支持等均是心理韧性的危险性因素"①。后期儿童心理韧性的研究趋势开始转向心理韧性的内在机制研究，即寻找心理韧性的中介过程、建构心理韧性的理论模型或作用机制模型，但此类研究目前相对较少。

　　心理韧性是当前积极心理学研究领域中的热点问题，也为研究流动儿童的成长和发展提供了独特的视角。流动儿童大多处在一种处境不利的环境中，但在现实生活中，并非所有处境不利儿童都会产生消极的心理发展现象，部分儿童可能会遵循"处境不利—心理韧性—发展良好"的轨迹，从而获得较好的发展状况，其心理发展水平和社会适应能力甚至超过了非流动儿童。如 Werner 和 Smith（1992）的研究曾指出，至少有 50% 的高风险儿童（如贫穷、疾病等）可以成长为自信、能干和体贴的人。②因此，在有关流动儿童心理韧性的研究文献中，许多研究一方面调查分析流动儿童心理韧性的发展规律及特点，另一方面尝试寻找流动儿童心理韧性的保护

---

① 曾守锤，李其维：《儿童心理弹性发展的研究综述》，《心理科学》，2003，26（6）：1091-1094 页。

② Werner, E., Smith, R. *Overcoming the odds: High-risk children from birth to adulthood.* New York: Cornell University Press, 1992: p156.

性因素，以期为流动儿童的心理干预提供帮助。

　　相关研究发现，尽管流动儿童个人、家庭和学校中的不利因素对其心理韧性和城市适应有着不良的影响，但在同样处境不利的情况下，流动儿童的心理韧性对其城市适应有着积极的影响（王中会、蔺秀云，2012）。与非流动儿童相比，流动儿童的心理韧性水平偏低（刘霞，2009；周文娇、高文斌、孙昕霙等，2011），从外部环境获得的心理资源和支持较少，对外部环境的参与相对较少。同时，流动儿童心理韧性对自尊和社交焦虑的加工偏向有一定影响，高心理韧性儿童的表现优于低心理韧性儿童（梁嘉峰，2010）。

　　此外，在流动儿童的保护性因素方面，有学者认为，高自尊、高社会支持和积极的应对方式等因素是流动儿童心理韧性的保护性因素（曾守锤，2011；李孟泽、王小新，2013），流动儿童个人、家庭、学校因素对其心理韧性有预测作用，但流动儿童亲子依恋程度对其心理韧性有着更强的预测性（毛向军、王中会，2013），上述因素均有利于流动儿童心理韧性的培养和发展。但性别（男）、年龄小、普通话不流利、留守时间长、转学次数多、教育安置方式（流动儿童学校）、消极的生活事件、受歧视感等因素均是流动儿童心理韧性的危险性因素，不利于流动儿童心理韧性的培养和发展。

　　国外在儿童心理韧性的测量方法上，主要采用自我报告法和观察法两种方式，并发展出很多测量工具。如 Caspi A（1992）等采用加利福尼亚儿童集合问卷（The California Child Q-set，简称CCQ-Set），通过对儿童进行观察来测量其心理韧性和自我控制。Wagnild 和 Young（1993）编制了 25 个题目的心理韧性量表（Resilience Scale，简称 RS），该量表主要包括个人能力、对自我和生活的接纳两个方面，之后又进行了修订，最后获得 14 个项目的单维度心理韧性量表（RS-14）。Connor 和 Davidson（2003）编制了康纳—戴维森心理韧性量表（The Connor-Davidson Resilience Scale，简称 CD-RISC）。国内有关心理韧性的测量工具多采用修订国外成熟量表的做法，如 Yu 和 Zhang（2007）翻译修订了中文版的

CD-RISC，李海垒、张文新和张金宝（2008）修订了青少年心理韧性量表（HKRA）。本土化的心理韧性测量工具由胡月琴和甘怡群（2008）编制，他们通过访谈法开发出适合我国青少年群体的心理韧性测量工具，共包括 27 个项目，包含个人力、支持力两个二阶因子和目标专注、情绪控制、积极认知、家庭支持和人际协助等五个一阶因子，测量学指标良好。

上述已有研究为我们理解流动儿童心理韧性的现状及影响因素打下了良好的基础，但学界有关流动儿童心理韧性的研究成果大多集中在寻求心理韧性的保护性因素方面，对于这些保护性因素如何作用于心理韧性的内在机制研究却相对较少。因此，下一步流动儿童心理韧性的研究重点应该是建构流动儿童心理韧性发展的作用机制模型，阐释心理韧性的保护性因素如何作用于心理韧性的内在机制。同时，应积极开展流动儿童心理韧性的干预研究，不但要进行个体水平的干预，更要进行对环境的干预。其原因就在于不管是导致流动儿童出现心理健康的问题，还是促进流动儿童的心理韧性，环境的作用和影响是至关重要的。[①]

本研究拟探讨城市流动儿童心理韧性发展的现状与规律，分析父母教养方式和社会支持等环境因素对流动儿童心理韧性的影响作用，探讨流动儿童心理韧性的保护性因素及其内在作用机制，一方面有助于理解有关流动儿童心理韧性发展的作用机制，另一方面也为流动儿童的健康成长和心理干预提供实证依据。

在本研究的测量工具方面，考虑到心理韧性主要是指个人方面的特质或能力，我们拟采用胡月琴和甘怡群（2008）所编制的青少年心理韧性量表中的个人力分量表。该部分共包括 15 个项目，李克特 5 级评分，分为目标专注、情绪控制和积极认知 3 个维度，将 15 个项目得分相加得到心理韧性总分。测量工具的测量学指标和被试基本情况见第二章内容所示。

---

① 曾守锤：《流动儿童的心理弹性和积极发展：研究、干预与反思》,《华东师范大学学报（教育科学版）》, 2011, 29（1）: 62-67 页。

二、研究结果与分析

（一）流动儿童心理韧性的总体状况

对流动儿童的心理韧性总分和维度分进行描述性统计分析，具体结果如表 6-1 所示。为使各维度得分与 5 点量表相对应，使分数的含义更加直观，表 6-1 中的维度分是每个维度的总分除以项目数所得到的项目均分。

从表 6-1 的得分情况来看，流动儿童的心理韧性各维度得分处于中等偏上水平（理论得分范围 1~5，理论中值为 3）。各维度得分高低顺序为：积极认知>目标关注>情绪控制。流动儿童心理韧性的总分为 55.61±8.56，最低分为 29，最高分为 75，得分情况基本符合正态分布。

表 6-1　流动儿童心理韧性得分的描述性统计分析

	n	最低分	最高分	平均数	标准差
心理韧性总分	703	29	75	55.61	8.56
目标专注维度	758	1.4	5	3.85	0.71
情绪控制维度	759	1	5	3.44	0.92
积极认知维度	754	1	5	3.87	0.74

积极认知维度的含义是指流动儿童对于逆境的看法和乐观态度，目标专注维度的含义是指流动儿童在困境中坚持目标、制订计划、集中精力解决问题的专注度，情绪控制则是指流动儿童在困境中对情绪波动和悲观情绪的控制和调整。从各维度的得分情况来看，流动儿童的积极认知相对较好，对于逆境有着相对积极的看法和认识，这一点我们在访谈中也发现了同样的情况。在 8 位流动儿童被问到"有人说逆境促人奋发向上，逆境中的人更容易获得成功；也有人说逆境打击人，会使人一蹶不振。你怎么看待？你是哪种类型？"的问题时，8 位流动儿童都比较认可第一种积极的观点，其中又有 6 位流动儿童认为自己属于第一种类型，由此可见，流动儿

童对于逆境的看法还比较积极。流动儿童的情绪控制维度得分较低，这种结果说明在面对困难的现实生活中，流动儿童对于情绪的调控相对较差，一方面可能是流动儿童的这种特质或能力较弱，另一方面也可能是由于没有掌握调控情绪的技巧。

（二）两类流动儿童、本地儿童的心理韧性差异

采用单因素方差分析分别对打工子弟学校流动儿童、公立学校流动儿童和本地儿童的心理韧性总分和各维度得分逐一进行比较。

1. 两类流动儿童、本地儿童的心理韧性总分差异

如表 6-2 所示，不同教育安置方式的两类流动儿童、本地儿童在心理韧性总分上存在显著性差异（$F = 5.08$，$P = 0.006$），从心理韧性总分碎石图（见图 6-1）来看，打工子弟学校流动儿童的心理韧性总分最低，公立学校流动儿童的心理韧性总分居中，公立学校本地儿童的心理韧性总分最高。

表 6-2　两类流动儿童、本地儿童心理韧性总分单因素方差分析

儿童类别	平均数	标准差	F 值	P 值
打工子弟学校 流动儿童 ①	55.09	8.57		
公立学校 流动儿童 ②	56.73	8.45	5.08	0.006
公立学校 本地儿童 ③	57.36	9.19		
LSD 事后多重比较	③，② > ①			

进一步采用 LSD 法（最小显著差异法）进行事后多重比较，结果发现，打工子弟学校流动儿童的心理韧性总分显著低于本地儿童的心理韧性总分（平均数差异 = 2.27，$P = 0.005$）和公立学校流动儿童的心理韧性总分（平均数差异 = 1.54，$P = 0.026$），而公立学校流动儿童与本地儿童的心理韧性总分并无显著性差异（$P > 0.05$）。

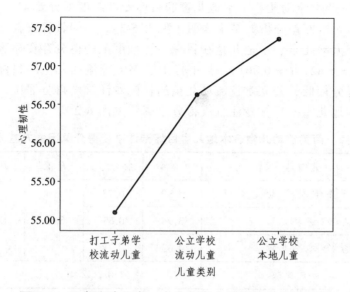

图 6-1 两类流动儿童、本地儿童心理韧性总分碎石图

这种结果表明,教育安置方式对流动儿童的心理韧性发展存在一定的影响,公立学校的教育安置方式明显优于打工子弟学校。一方面,虽然流动儿童有可能会受到一些歧视,但公立学校中的流动儿童感受到的歧视更少[1];另一方面,公立学校的教育设施、师资力量、校园活动空间和文化氛围明显优于打工子弟学校。这种结果比较支持流动儿童与本地儿童混合入校的观点,混合入校更有利于流动儿童心理韧性的发展与培养。从这个角度来说,我们比较认同中央政府所提倡的流动儿童义务教育应当遵循"流入地政府负责,公立中小学为主"的政策。因此,在条件许可的情况下,流动儿童所在地政府应尽可能让流动儿童到公立学校就读,实现流动儿童最大的社会融合。

---

① 袁立新:《公立学校与民工子弟学校初中生流动儿童受歧视现状比较》,《中国学校卫生》,2011,32(7):856-857 页。

2. 两类流动儿童、本地儿童的目标专注维度得分差异

单因素方差分析的结果表明（见表 6-3），不同教育安置方式下的两类流动儿童、本地儿童在目标专注维度上的得分存在显著性差异（$F = 6.82$，$P = 0.001$），其中打工子弟学校流动儿童的目标专注维度得分最低，公立学校流动儿童的目标专注维度得分居中，公立学校本地儿童的目标专注维度得分最高（见图 6-2）。

表 6-3　两类流动儿童、本地儿童目标专注维度得分单因素方差分析

儿童类别	平均数	标准差	F 值	P 值
打工子弟学校 流动儿童 ①	3.80	0.73		
公立学校 流动儿童 ②	3.94	0.67	6.82	0.001
公立学校 本地儿童 ③	4.02	0.78		
LSD 事后多重比较	③，② > ①			

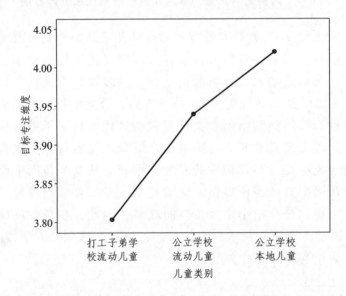

图 6-2　两类流动儿童、本地儿童目标专注维度得分碎石图

采用 LSD 法进行事后多重比较，结果发现，打工子弟学校流动儿童的目标专注维度得分显著低于本地儿童的目标专注维度得分（平均数差异 = 0.22，$P = 0.001$）和公立学校流动儿童的目标专注维度得分（平均数差异 = 0.14，$P = 0.015$），而公立学校流动儿童与本地儿童之间的目标专注维度得分无显著性差异（$P > 0.05$）。

3. 两类流动儿童、本地儿童的情绪控制维度得分差异

如表 6-4 和图 6-3 所示，两类流动儿童、本地儿童的情绪控制维度得分存在显著性差异（$F = 3.24$，$P = 0.040$），其中，打工子弟学校流动儿童的情绪控制维度得分最低，公立学校流动儿童的情绪控制维度得分居中，公立学校本地儿童的情绪控制维度得分最高。

表 6-4　两类流动儿童、本地儿童情绪控制维度得分单因素方差分析

儿童类别	平均数	标准差	F 值	P 值
打工子弟学校　流动儿童　①	3.42	0.92		
公立学校　流动儿童　②	3.49	0.93	3.24	0.040
公立学校　本地儿童　③	3.63	0.89		
LSD 事后多重比较	③ > ①			

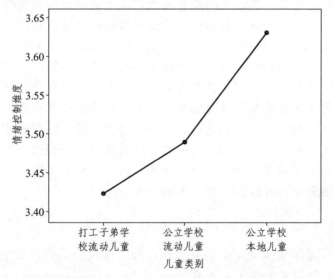

图 6-3　两类流动儿童、本地儿童情绪控制维度得分碎石图

LSD 事后检验结果表明，打工子弟学校流动儿童的情绪控制维度得分显著低于本地儿童的情绪控制维度得分（平均数差异 = 0.21，$P = 0.011$），其他儿童类别之间的情绪控制维度得分无显著性差异（$P > 0.05$）。

4. 两类流动儿童、本地儿童的积极认知维度得分差异

单因素方差分析结果表明，打工子弟学校流动儿童、公立学校流动儿童和本地儿童的积极认知维度得分不存在显著性差异（$F = 1.88$，$P = 0.153$），具体结果如表 6-5 所示。结果表明，流动儿童与本地儿童对于逆境的看法和态度并无明显差异。

表 6-5　两类流动儿童、本地儿童积极认知维度得分单因素方差分析

儿童类别	平均数	标准差	F 值	P 值
打工子弟学校 流动儿童	3.83	0.72		
公立学校 流动儿童	3.95	0.76	1.88	0.153
公立学校 本地儿童	3.87	0.78		

从上述结果来看，不同教育安置方式下的儿童心理韧性发展有着显著的差异，公立学校本地儿童的心理韧性总分、目标专注和情绪控制维度得分均明显高于打工子弟学校流动儿童。同时，公立学校流动儿童的心理韧性总分、目标专注维度得分也明显高于打工子弟学校流动儿童。不同教育安置方式下的儿童只有在积极认知维度上不存在显著性差异。这种结果一方面显示出公立学校在促进儿童身心健康发展方面的有利优势，另一方面也表明，除教育安置方式以外，还存在其他一些因素影响和制约着儿童心理韧性的发展与培养，诸如家庭因素、社会文化因素等。因此，对于流动儿童心理韧性的干预研究，可以尝试从多方面入手。

（三）流动儿童心理韧性的性别差异

对不同性别流动儿童的心理韧性和各维度得分进行独立样本 t 检验，具体结果如表 6-6 所示。

表 6-6　不同性别的流动儿童心理韧性得分独立样本 *t* 检验

变　　量	性别	n	平均数	标准差	t 值	P 值
心理韧性总分	男	389	55.49	8.22	−0.42	0.678
	女	289	55.77	8.99		
目标专注维度	男	421	3.85	0.66	−0.27	0.784
	女	305	3.86	0.77		
情绪控制维度	男	423	3.46	0.89	0.63	0.531
	女	304	3.42	0.97		
积极认知维度	男	415	3.86	0.71	−0.63	0.529
	女	307	3.89	0.76		

　　从表 6-6 可以看出，流动男童和流动女童在心理韧性和各维度上的得分均不存在显著性差异（$P > 0.05$）。也就是说，不同性别流动儿童的心理韧性整体发展水平比较一致，心理韧性各个方面的发展水平也比较相似，这与青少年心理韧性量表的原编制者胡月琴和甘怡群的研究结论比较一致。[1] 结果提示，先天的性别因素对于流动儿童心理韧性的影响并不大，这种积极心理品质的发展与培养更多依赖于后天和环境的因素。

（四）流动儿童心理韧性的流动时间差异

　　单因素方差分析结果显示（见表 6-7），不同流动时间的流动儿童在心理韧性总分（$F = 3.85$，$P = 0.009$）、目标专注维度（$F = 4.49$，$P = 0.004$）上存在显著性差异，在情绪控制维度（$F = 2.59$，$P = 0.052$）上的差异边缘显著，在积极认知维度（$F = 1.73$，$P = 0.159$）上的差异不显著。进一步采用 LSD 法对心理韧性总分和目标专注维度得分进行事后多重比较，结果如表 6-8 和表 6-9 所示。

——————————
① 胡月琴，甘怡群：《青少年心理韧性量表的编制和效度验证》，《心理学报》，2008，40（8）：902-912 页。

表 6-7 不同流动时间的流动儿童心理韧性得分单因素方差分析

变　量	流动时间	n	平均数	标准差	F 值	P 值
心理韧性总分	不到一年	55	54.00	8.17	3.85	0.009
	一年至三年	78	53.00	7.92		
	三年以上	351	56.27	8.65		
	从小就在城市	217	55.80	8.52		
目标专注维度	不到一年	60	3.73	0.67	4.49	0.004
	一年至三年	82	3.61	0.77		
	三年以上	379	3.91	0.71		
	从小就在城市	235	3.86	0.68		
情绪控制维度	不到一年	64	3.21	0.95	2.59	0.052
	一年至三年	83	3.29	0.82		
	三年以上	376	3.50	0.94		
	从小就在城市	234	3.46	0.92		
积极认知维度	不到一年	61	3.57	0.78	1.73	0.159
	一年至三年	81	3.45	0.58		
	三年以上	376	3.69	0.65		
	从小就在城市	234	3.64	0.68		

表 6-8 心理韧性总分在流动时间不同水平上的 LSD 事后多重比较

流动时间（I）	流动时间（J）	均值差（I－J）	标准误差	P 值
不到一年	一年至三年	1.00	1.49	0.504
	三年以上	－ 2.27	1.23	0.066
	从小就在城市	－ 1.79	1.28	0.161
一年至三年	三年以上	－ 3.27	1.06	0.002
	从小就在城市	－ 2.79	1.12	0.013
三年以上	从小就在城市	0.47	0.73	0.519

表 6-9 目标专注维度在流动时间不同水平上的 LSD 事后多重比较

流动时间（I）	流动时间（J）	均值差 （I−J）	标准误差	P 值
不到一年	一年至三年	0.11	0.12	0.352
	三年以上	− 0.18	0.10	0.066
	从小就在城市	− 0.13	0.10	0.186
一年至三年	三年以上	− 0.29	0.09	0.001
	从小就在城市	− 0.25	0.09	0.007
三年以上	从小就在城市	0.05	0.06	0.439

从方差分析和事后多重比较的结果来看，在城市流动时间不同的流动儿童，其心理韧性的发展水平存在一定的差异，这种差异主要体现在目标专注维度上，不同流动时间的流动儿童在坚持目标、制订计划、集中精力解决问题等方面的专注度不同。具体而言，流动时间在一年至三年之间的流动儿童，其目标专注度较低；而流动时间在三年以上和从小就在城市的流动儿童，其目标专注度较高。这种结果的原因可能在于，流动时间在一年至三年之间的流动儿童，其社会支持的网络尚未构建完整，缺乏稳定的社会支持来源，而社会支持正是心理韧性的重要保护性因素。我们从第四章内容"城市流动儿童社会支持研究"中也可以看出，流动时间在一年至三年之间的流动儿童，其社会支持状况最低。本研究同时也发现，不同流动时间的流动儿童在心理韧性其他方面的差异并不显著，如对于不良情绪的调控和对于逆境的积极认知等。社会支持对于流动儿童心理韧性及各维度的影响作用如何，我们将进一步探讨。

（五）流动儿童心理韧性的独生性质差异

我们对独生与非独生流动儿童的心理韧性得分进行独立样本 t 检验，结果发现，独生与非独生的流动儿童在心理韧性总分（$t = 1.63$，$P = 0.103$）、目标专注维度得分（$t = 1.27$，$P = 0.204$）、情绪控制维度得分（$t = 0.45$，$P = 0.650$）、积极认知维度得分（$t = 1.58$，

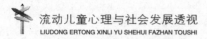

$P = 0.114$）上的差异均不显著，结果见表 6-10 所示。

表 6-10　独生与非独生流动儿童心理韧性得分独立样本 t 检验

变　　量	独生性质	n	平均数	标准差	t 值	P 值
心理韧性总分	独生	100	56.91	8.86	1.63	0.103
	非独生	600	55.40	8.51		
目标专注维度	独生	108	3.93	0.70	1.27	0.204
	非独生	647	3.83	0.71		
情绪控制维度	独生	111	3.48	0.95	0.45	0.650
	非独生	645	3.44	0.92		
积极认知维度	独生	109	3.97	0.72	1.58	0.114
	非独生	642	3.85	0.74		

　　研究结果提示，独生与非独生流动儿童心理韧性的发展水平比较一致，两类儿童在心理韧性总体水平、目标专注维度、情绪控制维度和积极认知维度等方面并无显著性差异。通过前面的研究我们发现，独生与非独生流动儿童在社会支持状况、人格发展状况方面均比较一致，并无显著性差异，而这些因素均是流动儿童心理韧性的重要保护性因素，因而导致独生与非独生流动儿童心理韧性的发展水平大致相当。

（六）流动儿童心理韧性的城市差异

　　城市经济发展水平和地域环境对流动儿童心理韧性的发展是否存在显著差异？我们采用独立样本 t 检验对广州和贵阳地区流动儿童的心理韧性得分进行考察。结果发现，生活在不同城市环境中的流动儿童，在心理韧性总分（$t = 0.38$，$P = 0.707$）、目标专注维度得分（$t = 1.74$，$P = 0.083$）、情绪控制维度得分（$t = 0.29$，$P = 0.774$）和积极认知维度得分（$t = -0.40$，$P = 0.688$）上均不存在显著性差异，具体结果如表 6-11 所示。

表 6-11　不同城市的流动儿童心理韧性得分独立样本 *t* 检验

变　量	城市	*n*	平均数	标准差	*t* 值	*P* 值
心理韧性总分	广州	262	55.76	8.59	0.38	0.707
	贵阳	441	55.51	8.55		
目标专注维度	广州	285	3.91	0.73	1.74	0.083
	贵阳	473	3.81	0.70		
情绪控制维度	广州	278	3.46	0.96	0.29	0.774
	贵阳	481	3.44	0.91		
积极认知维度	广州	281	3.86	0.73	− 0.40	0.688
	贵阳	473	3.88	0.74		

在不同城市中生活的流动儿童，其心理韧性发展水平比较相近，并未在心理韧性整体水平、心理韧性各维度上表现出明显的差异，也就是说，不同地区的经济发展水平和不同地域的宏观环境对流动儿童心理韧性发展的影响并不大。本研究结果提示，流动儿童心理韧性具有内在的发展规律，其发展轨迹与当地经济社会的宏观环境关系不大，更多的可能取决于流动儿童个人、家庭、学校等微观环境因素。

（七）流动儿童心理韧性的年级差异

单因素方差分析结果发现，不同年级的流动儿童在心理韧性总分（$F = 8.35$，$P = 0.000$）、情绪控制维度得分（$F = 7.35$，$P = 0.001$）和积极认知维度得分（$F = 5.72$，$P = 0.003$）上均存在显著性差异，在目标专注维度得分（$F = 2.74$，$P = 0.065$）上的差异边缘显著。从心理韧性总分和各维度得分趋势上来看，初一年级得分最低，小学六年级和初二年级得分较高，从低年级到高级均呈现"V"形变化（见图 6-4 ~ 图 6-7）。心理韧性总分和各维度得分的单因素方差分析和 LSD 多重比较结果如表 6-12 所示。

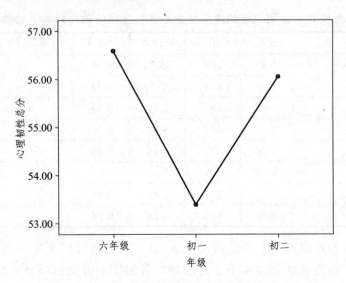

图 6-4　不同年级的流动儿童心理韧性总分碎石图

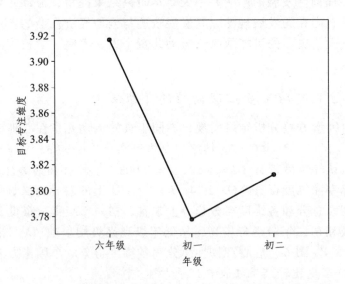

图 6-5　不同年级的流动儿童目标专注维度得分碎石图

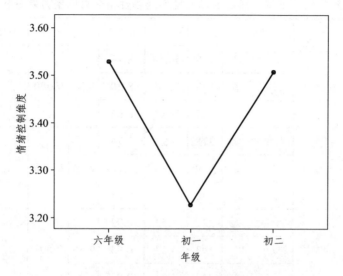

图 6-6 不同年级的流动儿童情绪控制维度得分碎石图

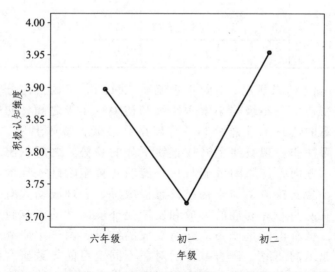

图 6-7 不同年级的流动儿童积极认知维度得分碎石图

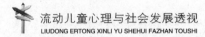

表 6-12   不同年级的流动儿童心理韧性得分单因素方差分析

变　量	年级	n	平均数	标准差	F 值	P 值	LSD 比较
心理韧性总分	六年级 ①	299	56.58	8.48	8.35	0.000	③，① > ②
	初一 ②	177	53.39	8.20			
	初二 ③	227	56.05	8.66			
目标专注维度	六年级 ①	328	3.92	0.74	2.74	0.065	
	初一 ②	190	3.78	0.73			
	初二 ③	240	3.81	0.65			
情绪控制维度	六年级 ①	323	3.53	0.92	7.35	0.001	③，① > ②
	初一 ②	193	3.23	0.93			
	初二 ③	243	3.51	0.91			
积极认知维度	六年级 ①	325	3.89	0.71	5.72	0.003	③，① > ②
	初一 ②	188	3.72	0.75			
	初二 ③	241	3.95	0.75			

　　表 6-12 结果显示，不同年级流动儿童的心理韧性得分差异主要表现在初中一年级与小学六年级和初中二年级之间，初一年级流动儿童的心理韧性总分和各维度得分最低，整体上呈"V"形变化，而并非呈现直线上升或直线下降的趋势。之所以出现这种结果，一方面，其原因可能与初一流动儿童刚刚升入环境陌生的中学，社会支持体系尚未构建，感情敏感、心理波动大有一定关系，这就说明心理韧性的形成和发展受环境因素的影响较大；另一方面，也有可能是调查取样所造成的结果，由于本研究是横断研究而非纵向研究，调查取样的对象不同也可能导致研究结果不同。因此，未来研究中，我们可以采取纵向研究方法对上述结果进行进一步验证。

此外，多因素方差分析的结果显示，年级和流动时间的交互作用，年级和性别的交互作用，年级与所在城市的交互作用均无统计学意义（$P > 0.05$）。

（八）流动儿童年龄与心理韧性的关系

流动儿童心理韧性的发展是否随其年龄变化而呈现出一定的变化规律？为考察流动儿童年龄与心理韧性的关系，我们使用皮尔逊积差相关考察年龄变量与心理韧性得分的相关情况（见表6-13）。结果发现，流动儿童年龄与心理韧性总分和各维度得分呈现出弱相关现象，相关系数均小于0.1。除目标专注维度以外，年龄与心理韧性总分和其他维度得分的相关均不显著（$P > 0.05$）。虽然年龄与目标专注维度得分的负向相关达到了0.05的显著性水平（$r = -0.07$，$P = 0.049$），但由于相关系数过小，这种关系可能是一种虚假相关。因此，从整体上来看，流动儿童心理韧性与其年龄的关系并不大，并未随其年龄的增长而呈现出增长或降低的现象。

表6-13　流动儿童年龄与心理韧性得分的相关分析结果（r）

变量	心理韧性总分	目标专注维度	情绪控制维度	积极认知维度
年龄	-0.04	-0.07*	-0.01	0.01

注：* 代表 $P < 0.05$（双尾检验）

（九）流动儿童父母教养方式、社会支持和人格特征与心理韧性的相关

为考察父母教养方式、社会支持状况等环境变量以及流动儿童自身的人格特征与其心理韧性的关系，我们使用皮尔逊积差相关探讨流动儿童心理韧性得分与流动儿童父母教养方式、社会支持总分和维度得分、核心自我评价得分的相关情况。具体结果如表6-14所示。

表 6-14　流动儿童父母教养方式、社会支持和人格与
心理韧性的相关分析结果（r）

变　量	心理韧性总分	目标专注维度	情绪控制维度	积极认知维度
父亲拒绝维度	− 0.26**	− 0.09*	− 0.30**	− 0.06
父亲情感温暖	0.38**	0.33**	0.28**	0.17**
父亲过度保护	− 0.13**	0.02	− 0.21**	0.04
母亲拒绝维度	− 0.29**	− 0.12**	− 0.35**	− 0.03
母亲情感温暖	0.40**	0.35**	0.26**	0.21**
母亲过度保护	− 0.19**	− 0.05	− 0.26**	0.03
社会支持总分	0.42**	0.33**	0.35**	0.14**
主观支持维度	0.37**	0.30**	0.31**	0.11**
客观支持维度	0.26**	0.18**	0.23**	0.12**
对支持利用度	0.32**	0.29**	0.28**	0.05
核心自我评价	0.62**	0.42**	0.59**	0.17**

注：* 代表 $P < 0.05$，* * $P < 0.01$（下表同）

从表 6-14 可以看出，六种父母教养方式、社会支持及各维度、核心自我评价与流动儿童心理韧性的相关均达到显著性水平（$P < 0.01$）；除父母过度保护以外，其他四种父母教养方式、社会支持及各维度、核心自我评价与流动儿童目标专注的相关均达到显著性水平（$P < 0.05$）；六种父母教养方式、社会支持及各维度、核心自我评价与流动儿童情绪控制的相关均达到显著性水平（$P < 0.01$）；除父母拒绝、父母过度保护、对社会支持的利用度之外，父母情感温暖、社会支持、主观支持、客观支持、核心自我评价与流动儿童积极认知的相关均达到显著性水平（$P < 0.01$）。同时，流动儿童心理韧性与父母情感温暖、社会支持及各维度、核心自我评价呈正相关，而与父母拒绝、父母过度保护呈负相关。上述结果表明，父母给予的情感温暖越多，所获得的社会支持越多，流动儿童自身的人格状况越积极，其心理韧性的发展状况就越好；父母给予的拒绝、批评和过度保护越多，越不利于流动儿童的心理韧性的发展。

由于流动儿童的父母多是城市打工人员，教育文化水平较低，

工作性质以体力劳动为主，工作时间长等原因，造成父母与儿童的相处时间短，沟通与交流少。流动儿童父母常常会忽视儿童的情感需求，对儿童的情感温暖与慰藉相对缺乏，取而代之的是采用拒绝或过度保护的教养方式，借此来表达自己对孩子的关爱，但结果却适得其反。因此，从本研究结果来看，改善父母的教养方式，更多地采用情感温暖的教养方式，构建并扩大流动儿童的社会支持网络，将对流动儿童的心理韧性的发展起到积极的促进作用。

（十）流动儿童父母教养方式、社会支持和人格特征对心理韧性的预测

为进一步探究父母教养方式、流动儿童社会支持和人格状况对其心理韧性的影响作用，我们分别以流动心理韧性总分、目标专注维度、情绪控制维度和积极认知维度得分为因变量，以六种父母教养方式、社会支持及各维度、核心自我评价得分为自变量进行逐步多元回归分析。具体结果如表 6-15 ~ 6-18 所示。

表 6-15　父母教养方式、社会支持、核心自我评价
对心理韧性总分回归分析结果

变　量	心理韧性总分（Beta）	t 值	P 值	R^2	F 值
核心自我评价	0.50	13.52	0.000		
母亲情感温暖	0.15	3.72	0.000	0.44	140.93**
社会支持总分	0.14	3.55	0.000		

表 6-16　父母教养方式、社会支持、核心自我评价
对目标专注维度回归分析结果

变　量	目标专注维度（Beta）	t 值	P 值	R^2	F 值
核心自我评价	0.33	8.01	0.000		
母亲情感温暖	0.20	4.71	0.000		
父亲拒绝	0.12	3.05	0.002	0.26	50.12**
对支持利用度	0.17	4.26	0.000		

表 6-17 父母教养方式、社会支持、核心自我评价对
情绪控制维度回归分析结果

变　量	情绪控制维度（Beta）	t 值	P 值	R^2	F 值
核心自我评价	0.51	13.93	0.000		
母亲拒绝	− 0.15	− 3.96	0.000		
母亲过度保护	− 0.11	− 2.92	0.004	0.42	102.41**
社会支持总分	0.09	2.32	0.021		

表 6-18 父母教养方式、社会支持、核心自我评价对
积极认知维度回归分析结果

变　量	积极认知维度（Beta）	t 值	P 值	R^2	F 值
母亲情感温暖	0.22	5.22	0.000	0.05	27.23**

　　从表 6-15 可知，只有核心自我评价、母亲情感温暖和社会支持总分等三个变量进入回归方程，可以显著预测流动儿童的心理韧性总分，解释的变异量占心理韧性总变异的 44%（$R^2 = 0.44$）；从表 6-16 可知，核心自我评价、母亲情感温暖、父亲拒绝和对支持的利用度等四个变量进入回归方程，可以显著预测流动儿童目标专注维度得分，解释的变异量占目标专注维度总变异的 26%（$R^2 = 0.26$）；从表 6-17 可知，核心自我评价、母亲拒绝、母亲过度保护和社会支持总分等四个变量进入回归方程，可以显著预测流动儿童情绪控制维度得分，解释的变异量占情绪控制维度总变异的 42%（$R^2 = 0.42$）；从表 6-18 可知，只有母亲情感温暖进入回归方程，可以显著预测流动儿童积极认知维度得分，解释的变异量只占到积极认知维度总变异的 5%（$R^2 = 0.05$），对积极认知维度的预测度较小。

　　从上述研究结果来看，父母教养方式、社会支持及各维度、核心自我评价对心理韧性、目标专注、情绪控制和积极认知的预测效力不同。从整体上来看，父母教养方式、流动儿童的社会支持状况和自身的核心自我评价状况对心理韧性总分、情绪控制和目标专注的预测效力较高，而对积极认知的预测效力较低。结果提示，良好

的父母教养方式、完善的社会支持网络和积极的人格特征对于流动儿童在坚持目标、解决问题、调控不良情绪方面有着重要的影响，但对于流动儿童积极认知和乐观态度的影响却并不大。

（十一）流动儿童心理韧性及其影响因素：核心自我评价的中介效应

中介变量（mediator）是一个重要的统计概念，国外涉及中介变量的研究有很多，国内关于中介变量的研究在近些年逐渐增多。中介变量的含义如下：自变量 X 对因变量 Y 的影响，如果 X 通过影响变量 M 来影响 Y，则称 Y 为中介变量。例如，"家庭的社会经济地位"影响"子女的受教育程度"，进而影响"子女的社会经济地位"，"子女的受教育程度"即为中介变量。如图 6-8 所示。

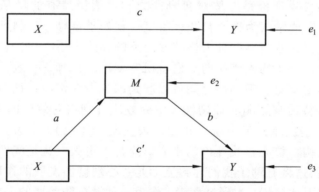

图 6-8　中介变量示意图

对于中介变量和中介效应的检验，温忠麟、张雷、侯杰泰等人（2004）提出过一个实用的中介效应检验程序，即可以检验部分中介效应，又可以检验完全中介效应，而且比较容易实施，主要步骤如下：

（1）首先检验自变量 X 对因变量 Y 的直接回归系数 c，如果显著，继续进行第 2 步。

（2）依次检验自变量 X 对中介变量 M 的回归系数 a，中介变量 M 对因变量 Y 的回归系数 b，如果都显著，意味着 X 对 Y 的影响至

少有一部分是通过中介变量 M 实现的，如果至少一个不显著，转到第 4 步。

（3）检验自变量 X 对因变量 Y 的回归系数 c'，如果不显著，说明是完全中介过程，即 X 对 Y 的影响是通过中介变量 M 实现的；如果显著，说明只是部分中介过程，即 X 对 Y 的影响只有一部分是通过中介变量 M 实现的。检验结束。

（4）做 Sobel 检验，如果显著，意味着 M 的中介效应显著，否则中介效应不显著。检验结束。[①]

本研究将基于上述中介效应的检验程序，根据回归分析的结果，构建多变量中介效应的结构方程模型，并运用百分位 Bootstrap 方法对效应值的置信水平进行检验，分析中介变量的效应大小和统计显著性。

核心自我评价是个体对自身能力和价值所持有的最基本的评价，研究者通常认为核心自我评价是一种处于自尊、控制点、神经质和一般自我效能感四种人格特质之下的高阶人格结构，它可以更有效地评估个体的人格倾向。已有研究发现，自尊、一般自我效能感在社会支持与心理韧性之间可以起到部分中介作用，社会支持会通过人格特质来影响心理韧性，中介效应分别占总效应的 34.77% 和 16%（李孟泽，王小新，2013；张立霞，2012）。作为一种深层的人格结构，核心自我评价的中介效应是否更大？这是我们比较关心的问题，这将有助于我们理解流动儿童心理韧性发展的作用机制。

基于上述分析，本研究假设，作为一种潜在和深层的人格特质，流动儿童核心自我评价在其家庭、社会因素与心理韧性之间会起到中介作用，而相比自尊、一般自我效能，核心自我评价的中介效应占总效应的比例相对更大。

1. 社会支持、母亲情感温暖对心理韧性影响的中介效应分析

根据回归分析的结果，本研究以核心自我评价为中介变量，建

---

① 温忠麟，张雷，侯杰泰等：《中介效应检验程序及其应用》，《心理学报》，2004，36（5）：614-620 页。

立社会支持、母亲情感温暖对心理韧性总分影响的中介效应模型，得到图 6-9 所示的中介效应模型（残差项未标出）。

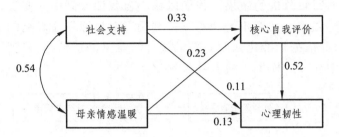

图 6-9　社会支持、母亲情感温暖对心理韧性影响的中介效应路径图

运用百分位 Bootstrap 方法（重复抽样 1 000 次）对核心自我评价中介效应的置信水平进行检验，结果发现，核心自我评价在社会支持与心理韧性之间，中介效应点估计值为 0.172，在 99% 的置信区间内介于 0.116 和 0.233 之间，此区间不包括 0，因此该中介效应具有统计学意义（$P < 0.01$），中介效应占总效应的 60.99%；核心自我评价在母亲情感温暖与心理韧性之间，中介效应点估计值为 0.119，在 99% 的置信区间内介于 0.069 和 0.187 之间，该中介效应也具有统计学意义（$P < 0.01$），中介效应占总效应的 48.57%。由于社会支持、母亲情感温暖对心理韧性的直接效应同样具有统计学意义（$P < 0.01$），因此，核心自我评价的中介效应为部分中介效应。效应分析结果见表 6-19 所示。

表 6-19　社会支持、母亲情感温暖对心理韧性影响的中介效应分析

变　量	核心自我评价	心理韧性			核心自我评价的中介效应/总效应
	直接效应	直接效应	中介效应	总效应	
社会支持总分	0.329	0.110	0.172	0.282	60.99%
母亲情感温暖	0.228	0.126	0.119	0.245	48.57%

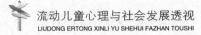
2. 母亲情感温暖、父亲拒绝和支持利用度对目标专注影响的中介效应分析

根据回归分析的结果，我们以核心自我评价为中介变量，建立母亲情感温暖、父亲拒绝和对支持利用度对目标专注影响的中介效应模型，并依据标准化回归系数的统计学意义修正模型，得到图 6-10 所示的中介效应模型（残差项未标出）。

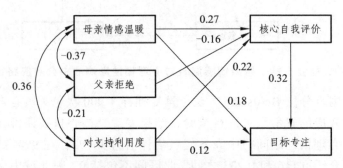

图 6-10 母亲情感温暖、父亲拒绝和支持利用度对目标专注影响的中介效应路径图

采用百分位 Bootstrap 方法（重复抽样 1 000 次）对核心自我评价中介效应的置信水平进行检验，研究发现，核心自我评价在母亲情感温暖与目标专注之间，中介效应点估计值为 0.085，在 99% 的置信区间内介于 0.051 和 0.128 之间，该中介效应具有统计学意义（$P < 0.01$），中介效应占总效应的 32.44%；核心自我评价在对支持利用度与目标专注之间，中介效应点估计值为 0.070，在 99% 的置信区间内介于 0.034 和 0.111 之间，该中介效应也具有统计学意义（$P < 0.01$），中介效应占总效应的 36.84%。由于母亲情感温暖和支持利用度对目标专注的直接效应同样具有统计学意义（$P < 0.01$），核心自我评价的中介效应为部分中介效应。此外，父亲拒绝只对核心自我评价具有直接的负向影响（$P < 0.01$），对目标专注的直接效应并不显著（$P > 0.05$）。效应分析结果如表 6-20 所示。

表 6-20　母亲情感温暖、父亲拒绝和支持利用度对
目标专注影响的中介效应分析

变　量	核心自我评价	目标专注			核心自我评价的中介效应/总效应
	直接效应	直接效应	中介效应	总效应	
母亲情感温暖	0.267	0.177	0.085	0.262	32.44%
父亲拒绝	−0.161	——	−0.051	−0.051	——
对支持利用度	0.219	0.120	0.070	0.190	36.84%

3. 母亲拒绝、母亲过度保护和社会支持对情绪控制影响的中介效应分析

依据回归分析的结果，我们以核心自我评价为中介变量，建立母亲拒绝、母亲过度保护和社会支持对情绪控制影响的中介效应模型，并依据标准化回归系数的统计学意义修正模型，最后得到图 6-11所示的中介效应模型（残差项未标出）。

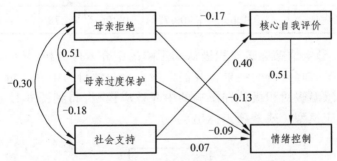

图 6-11　母亲拒绝、母亲过度保护和社会支持对
情绪控制影响的中介效应路径图

采用百分位 Bootstrap 方法（重复抽样 1 000 次）对核心自我评价中介效应的置信水平进行检验，结果表明，核心自我评价在母亲拒绝与情绪控制之间，中介效应点估计值为 −0.089，在 99% 的置信区间内介于 −0.139 和 −0.045 之间，该中介效应具有统计学意义

（ $P < 0.01$ ），中介效应占总效应的 41.39%；核心自我评价在社会支持与情绪控制之间，中介效应点估计值为 0.206，在 99% 的置信区间内介于 0.146 和 0.261 之间，该中介效应也具有统计学意义（ $P < 0.01$ ），中介效应占总效应的 74.10%。核心自我评价在母亲拒绝、社会支持与情绪控制之间的中介效应均为部分中介效应。同时，母亲过度保护只对情绪控制具有直接的负向影响（ $P < 0.01$ ），对核心自我评价的直接效应并不显著($P > 0.05$)。效应分析结果如表 6-21所示。

表 6-21 母亲拒绝、母亲过度保护和社会支持对情绪控制影响的中介效应分析

变 量	核心自我评价	情绪控制			核心自我评价的中介效应/总效应
	直接效应	直接效应	中介效应	总效应	
母亲拒绝	− 0.173	− 0.126	− 0.089	− 0.215	41.39%
母亲过度保护	—	− 0.094	—	− 0.094	—
社会支持总分	0.400	0.072	0.206	0.278	74.10%

4. 母亲情感温暖对积极认知影响的中介效应分析

依据回归分析的结果，我们以核心自我评价为中介变量，建立母亲情感温暖对积极认知影响的中介效应模型，得到图 6-12 所示的中介效应模型（残差项未标出）。

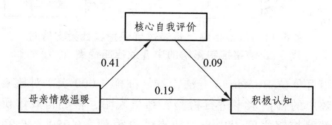

图 6-12 母亲情感温暖对积极认知影响的中介效应路径图

同样采用百分位 Bootstrap 方法（重复抽样 1000 次）对核心自我评价中介效应的置信水平进行检验，结果表明，核心自我评价在母亲情感温暖与积极认知之间，中介效应点估计值为 0.037，在 95% 的置信区间内介于 0.007 和 0.069 之间，该中介效应具有统计学意义（$P < 0.05$），中介效应占总效应的 16.16%。效应分析结果如表 6-22 所示。

表 6-22　母亲情感温暖对积极认知影响的中介效应分析

变　　量	核心自我评价	积极认知			核心自我评价的中介效应/总效应
	直接效应	直接效应	中介效应	总效应	
母亲情感温暖	0.405	0.192	0.037	0.229	16.16%

从积极心理学的角度来看，个体在困境中会发展和塑造出积极的心理韧性，有助于个体应对不利环境。心理韧性的保护性因素既可以是个体外部的因素（如家庭和社会支持），也可以是个体本身的特点（如人格特征、社会技能等）。核心自我评价是一种潜在的人格特质，一方面，核心自我评价、父母教养方式和社会支持均是心理韧性的保护性因素，另一方面，核心自我评价也会受到父母教养方式和社会支持的影响。因此，本研究假设流动儿童的核心自我评价在个体心理韧性的发展过程和内部机制中会起到部分中介作用。为验证这一假设，我们依据回归分析的结果，以核心自我评价作为中介变量，分别建立了社会支持、父母教养方式对心理韧性总分、目标专注、情绪控制和积极认知影响的中介效应模型，并通过修正模型，得到核心自我评价在社会支持、父母教养方式与心理韧性总分和各维度之间的中介效应模型，从而验证了上述假设。

就流动儿童心理韧性总分而言，从图 6-9 和表 6-19 的中介模型可以看出，社会支持系统、母亲情感温暖一方面通过影响核心自我评价来间接影响流动儿童的心理韧性，另一方面也会直接影响到流动儿童的心理韧性，以上三种因素均是流动儿童心理韧性的保护性因素。其中，核心自我评价在社会支持与心理韧性之间的中介效应占总效应的 60.99%，在母亲情感温暖与心理韧性之间的中介效应占总效应的 48.57%，这一结果明显高于李孟泽、王小新（2013）和张立霞（2012）研究中自尊和一般自我效能的中介作用效果量。

从核心自我评价的作用机制来看，有观点认为，"当面临消极或压力事件时，核心自我评价水平高的个体通常会认为自己有能力控制自身及周围的事件，因而较少采用回避型策略去应对不良事件，同时激发自我监控系统，对环境做出积极的反应"，从而发展出高水平的心理韧性。"当面临积极事件时，核心自我评价水平高的个体会将自身优势资源扩大化，从而不断获得新的收益"[①]，提升已有的心理韧性水平。这种应对与收益机制有助于我们理解核心自我评价在流动儿童心理韧性发展过程中的中介机制，即一方面，父母教养方式、社会支持状况会直接影响流动儿童的心理韧性发展；另一方面，父母教养方式、社会支持状况也会通过影响核心自我评价而间接影响流动儿童的心理韧性发展。

三、研究结论

（1）公立学校本地儿童的心理韧性总分、目标专注和情绪控制维度得分显著高于打工子弟学校流动儿童；公立学校流动儿童的心理韧性总分、目标专注维度得分显著高于打工子弟学校流动儿童。

（2）不同性别的流动儿童在心理韧性总分和各维度上均不存在显著性差异。

（3）不同流动时间的流动儿童在心理韧性总分、目标专注维度上存在显著性差异，流动时间在一年至三年之间的流动儿童得分较低；而流动时间在三年以上和从小就在城市的流动儿童得分较高。

---

① Kammeyer-Mueller, J. D., Judge, T. A., Scott, B. A: *"The role of core self-evaluations in the coping process"*. *Jorunal of Applied Psychology*, 2009, 94(1): pp177-195.

（4）独生与非独生的流动儿童在心理韧性总分和各维度上均不存在显著性差异。

（5）广州和贵阳两地流动儿童在心理韧性总分和各维度上均不存在显著性差异。

（6）不同年级的流动儿童在心理韧性总分、情绪控制维度和积极认知维度上存在显著性差异，初一年级得分最低，小学六年级和初二年级得分较高。

（7）流动儿童心理韧性与其年龄的关系不大，未随年龄的增长而呈现出增长或降低的现象。

（8）核心自我评价、母亲情感温暖和社会支持可以显著预测流动儿童的心理韧性，解释的变异量占总变异的44%；核心自我评价在母亲情感温暖、社会支持与心理韧性之间起部分中介作用，中介效应分别占总效应的48.57%和60.99%。

（9）核心自我评价、母亲情感温暖、父亲拒绝和对支持的利用度可以显著预测流动儿童的目标专注，解释的变异量占总变异的26%；核心自我评价在母亲情感温暖、对支持的利用度与目标专注之间起部分中介作用，中介效应分别占总效应的32.44%和36.84%。

（10）核心自我评价、母亲拒绝、母亲过度保护和社会支持可以显著预测流动儿童的情绪控制，解释的变异量占总变异的42%；核心自我评价在母亲拒绝、社会支持与情绪控制之间起部分中介作用，中介效应分别占总效应的41.39%和74.10%。

（11）母亲情感温暖可以显著预测流动儿童的积极认知，但解释的变异量较小，只占总变异的 5%；核心自我评价在母亲情感温暖与积极认知之间起部分中介作用，中介效应占总效应的16.16%。

四、对策与建议

心理韧性有助于流动儿童在处境不利的生态系统中获得较好的发展状况，因而被认为是流动儿童身心健康发展的"生命力"。本研究结果表明，城市中打工子弟学校流动儿童的心理韧性水平较低，尤其在目标专注和情绪控制方面，显著低于本地儿童。因此，对流动儿童的心理韧性进行介入和干预，促进流动儿童心理韧性的发展，应成为当前流动儿童教育工作的当务之急。从文献检索来看，目前国内有关流动儿童心理韧性的干预研究并不多见，已有个别研究的干预也主要是在个体水平进行，多采取团体辅导的方式进行，鲜有针对环境的干预。从本研究的结果来看，父母教养方式、社会支持等环境变量和流动儿童自身的人格特征对流动儿童心理韧性的影响较大，同时也是流动儿童心理韧性的重要保护性因素。因此，应当从系统的多水平角度考察流动儿童的生活环境和自身特点，制定基于生态观的干预措施或方案，开展相关的应用和干预。根据国内外儿童心理韧性的研究成果，结合本研究的相关成果，我们认为至少可以从以下三个方面开展工作：

（一）学校辅导

学校心理咨询师或心理健康教师可开展针对个体或团体水平的心理辅导，这种辅导的要点是教师要转变观念，看到流动儿童身上的优秀品质，鼓励流动儿童与周围环境的互动，以此来增强流动儿童的心理韧性水平。如在一项学校心理韧性研究计划中（The International Resilience Research Project，简称 IRRP），研究者提出可以通过教学生 I have，I am 和 I can 等三项策略来进行，可以帮助学生：① 提供外部的重要支持（I have）；② 发展自身的内部力量（I am）；③ 学会人与人之间交流沟通的处理技巧（I can），从而提升学生的心理韧性水平。[①]具体而言，我们可以尝试采用如下一些措施：

（1）引导流动儿童看到自身的优点，培养流动儿童对自身积极肯定的态度，学会满足自己的需求。

（2）引导流动儿童学会处理不良情绪，调节和控制消极情绪，避免大起大落，大喜大悲。

---

① 刘宣文，周贤：《复原力研究与学校心理辅导》，《教育发展研究》，2004（2）：87-89 页。

（3）鼓励流动儿童参与有意义的团体活动，在活动中增强流动儿童的自我效能感和价值感。

（4）进行积极归因训练，训练流动儿童由外控转为内控，学会认识行为的结果主要取决于内在原因，而非外在原因；成功是个人努力的结果，而非运气或他人。

（5）帮助流动儿童制定一些有难度但通过努力可以实现的目标，目标制定后鼓励其采取坚持性的努力，并学会持之以恒。

（6）培养流动儿童积极的生活态度，使其学会以希望的眼光看问题，将挑战和挫折看作是生活的一部分，避免去执着思考那些目前尚不能克服的危机事件。

（7）教给流动儿童一些生活的技巧，如与他人进行良好的沟通，肯定他人、拒绝他人等。

（8）给予流动儿童更多的关注和支持，构建良好的社会支持体系，建立起生活中的"重要他人"。"重要他人"是流动儿童生活中起到重要作用的，给予流动儿童温暖关怀支持，同时可以分担心中感觉、提供帮助策略以及培养其信心的成人。建立流动儿童生活中的"重要他人"，对于构建和提高流动儿童的心理韧性具有十分重要的作用。

（9）鼓励流动儿童相互支持与帮助，相互分担成长过程中的痛苦和喜悦，增加同伴间的情感交流与互动。

（10）协助流动儿童制定一些可以达到的现实目标，目标一经制定，就鼓励流动儿童积极采取决定性行动。

（二）家庭教育

流动儿童父母应注重家庭教育对流动儿童心理韧性发展的重要意义，改善过度保护、批评和拒绝等不良的父母教养方式，强化情感温暖与关爱等积极的父母教养方式。在家庭教育方面，我们可以尝试：

（1）学校或社会机构应开展针对流动儿童父母的免费教育课程，指导流动儿童父母及其他家庭成员学会以积极的而不是消极的方式

看待流动儿童，注重发现与挖掘流动儿童身上的积极品质或优点。

（2）在日常生活中，流动儿童父母应学会多鼓励关爱、少发脾气，多情感交流与互动、少冷漠与寡言，每天抽出一定的时间与流动儿童进行交流。

（3）在角色定位上，培养父母成为流动儿童的"重要他人"，提供必要的支持与帮助，树立流动儿童对未来的乐观态度。

（三）社区服务

社区是流动儿童生活的重要环境，在促进流动儿童心理韧性发展方面，社区服务也必不可少。

（1）社区应成立流动儿童关爱领导小组，由教育、卫生、劳动保障、民政、公安等机构抽派人员共同组建，统筹社区流动儿童的相关事务。

（2）社区应积极营造关爱流动儿童的社会环境，打造安全、可信任的社会氛围。

（3）呼吁社区居民，尤其是流动儿童的邻居们，共同为流动儿童及其家庭提供力所能及的援助、支持和鼓励。

（4）组织开展丰富多彩的集体家庭娱乐活动，丰富流动儿童的城市日常生活，构建社会层面的社会支持网络。

（5）与高校大学生团体、社会公益组织等机构联动，将政府组织与非政府组织相互结合、优势互补，积极为志愿者开展帮扶活动提供支持和便利条件。

第七章　城市流动儿童行为适应及其影响因素研究

一、流动儿童行为适应研究概述

流动儿童行为适应研究是本研究关于流动儿童社会适应研究的重要内容，在流动儿童社会适应的操作定义上，我们将其区分为两个方面：心理适应和行为适应，其中心理适应以心理健康（抑郁、孤独）作为核心指标，行为适应以学习适应和问题行为作为核心指标。上述对于流动儿童"社会适应"的划分方法和界定标准，一方面是基于国内外已有的研究成果，另一方面，我们也加入了一些自己的理解。

在文献查阅和分析过程中，我们发现，研究者对于社会适应的理解远未达成共识。研究者往往采用不同的术语或概念，根据自己的理解来进行研究，因此出现概念界定不同、研究工具不同、研究结果不一的现象。学术界对于社会适应概念的界定过于宽泛，似乎将一个人在某一特定情境中生活的所有方面的情况都囊括其中，既包括个体建构新的社会关系，也包括对新的语言、文化和价值观的理解和学习，又包括个体对以上适应过程的心理反应。[①]部分研究以城市适应的概念来指代社会适应，如郭良春、姚远和杨变云（2005）以北京市一所公立中学为个案，从社会学的角度研究流动儿童城市适应问题；刘杨、方晓义和张耀方等人（2008）探讨了流动儿童城

---

① 曾守锤：《流动儿童的社会适应：追踪研究》，《华东理工大学学报（社会科学版）》，2009（3）：1-6页。

市适应的标准，将其分为心理适应和社会文化适应两部分，其中心理适应包括心境、个性两个维度，社会文化适应包括人际关系、适应环境、外显行为、内隐观念、语言和学习等 6 个维度；Neto（2002）也曾将移民儿童的社会适应分为心理适应和社会文化适应两个部分，心理适应主要指心理健康程度，社会文化适应主要指学习新的技能、解决日常难题或任务等。

根据我们的理解，对于流动儿童而言，学校生活是他们的最重要的人生任务。如果流动儿童能够在心理健康的条件下较好地完成自己的学业，同时又没有出现过多的问题行为（如违纪、敌意或攻击行为等），那么，我们就可以认定该流动儿童的社会适应状况良好。因此，本研究将流动儿童的社会适应界定为两个方面：内隐的心理适应（心理健康）和外显的行为适应（学习适应和问题行为）。本章将重点探讨流动儿童的行为适应（学习适应、问题行为）问题，第八章将重点分析流动儿童的心理适应（心理健康）问题。有关流动儿童行为适应和心理适应的研究概述也将分别介绍。

国外有关流动儿童行为适应的研究主要针对移民儿童群体，多数研究发现移民儿童的行为适应状况与本地儿童存在差距。如 suárez-Orozco（2002）的研究发现，移民儿童在美国居留的时间越久，其身体健康状况就越差，美国化程度越深，越有可能卷入冒险行为，表现出更多的问题行为，如滥用金钱、违法犯罪和性行为等。在学业成就方面，Buchmann 和 Parrado（2006）的研究发现，移民儿童与本地儿童的学业成就存在显著性差异，移民儿童的学业成就相对更低。同时，移民儿童还存在其他一些行为适应问题，如行为紊乱（Rutter et al.，1974）、神经性厌食（Bryant & Lask，1991）和躯体不适症状（Roberts & Cawthorpe，1995）等。

国内有关流动儿童行为适应的研究文献比较丰富。在学习适应方面，流动儿童的学习问题主要表现在考试焦虑、学习不自信、学习成绩差和学习习惯不良等方面。如王丹阳（2008）的研究发现，公办学校中有 44.4% 的流动儿童认为自己的学习成绩不好，有 41.2% 的流动儿童认为自己的学习能力不强，大部分流动儿童都存在着考试焦虑现象。刘磊、符明弘和范志英（2010）以昆明市流动儿童为对象的调查结果表明，流动儿童的学习适应性总体水平与全国常模相比有较大差异，显著低于全国常模，有 38.8% 的流动儿童处在中下或差的水平。王涛、李海华（2006）的调查也发现，小学阶段的农民工子女学习适应性总体情况比较差，处于中下等和差等的儿童比例明显高于全国常模，而中上等和优等的儿童却比例明显低于全国常模。但同时也有研究者得出不同的结论，许传新（2009）的研究发现，大多数流动人口子女能适应公立学校的学习生活，学习适应状况较好。

在问题行为方面，由于问题行为阻碍儿童的人格、社会化的发展，并对其身心健康非常不利，因而，研究者比较重视流动儿童问题行为的研究。李晓巍、邹泓、金灿灿等（2008）针对北京市流动儿童的调查结果表明，流动儿童内化问题行为（焦虑、孤僻、退缩等）、外化问题行为（攻击反抗、违纪越轨、过度活动等）的自我报告率分别达到 31% 和 21%，与城市儿童相比，流动儿童的内化问题行为较为突出。沈芳（2011）对成都市幼儿园流动儿童的调查结果发现，民办幼儿园流动儿童的异常行为和高危行为因子检出率最高，其次是公立幼儿园流动儿童，公立幼儿园本地儿童的异常行为和高危行为检出率最低，流动男童的高危行为检出率高于流动女童。张伟源等人（2010）对南宁市流动儿童的调查结果发现，流动儿童行为问题检出率为 25.20%，高于非流动儿童组的 18.4%；但公立学校流动儿童组行为问题检出率 30% 高于私立小学的检出率 21%，流动儿童问题行为检出率性别差异不显著。肖敏敏（2012）的调查表明，打工子弟学校流动儿童、公立学校流动儿童和城市儿童在社交合作行为、攻击破坏行为和害羞回避行为上均不存在显著性差异。曾守锤（2008）的研究也表明，公办学校流动儿童的行为问题检出率与简易学校流动儿童的检出率不存在显著性差异。

综上所述，流动儿童的行为适应问题研究虽然已经引起众多研究者的关注，但研究结论并不一致。其原因可能在于，一是研究对象的所在学校和地区不同，二是研究工具即学习适应和问题行为的评价标准不一。由此可见，流动儿童行为适应的真实状况如何，还需要更多的研究结论支持及整合性研究。本研究拟以广州、贵阳两地的流动儿童为对象，深入探讨流动儿童行为适应（学习适应、问题行为）的状况，对比分析两类流动儿童与本地儿童的行为适应差异，分析流动儿童行为适应的影响因素和作用机制，以期为流动儿童的健康成长和行为干预提供实证依据。

二、研究方法

本研究的调查对象为小学六年级、初中一二年级的打工子弟学校流动儿童和公立学校流动儿童、本地儿童三类，其中打工子弟学校流动儿童 530 人，公立学校流动儿童 268 人（流动儿童合计 798 人），本地儿童 172 人。

本研究的调查工具主要包括两种：学习适应问卷和问题行为问卷。其中学习适应问卷采用崔娜（2008）编制的"初中生学校适应问卷"中的学习适应分问卷。该问卷共包括 5 个项目，采用李克特 5 级评分，得分越高，代表儿童的学习适应程度就越好。问题行为问卷以葛娟（2008）编制的"学业不良儿童问题行为问卷"为基础，从中选择 10 种具有代表性的问题行为作为本研究"儿童问题行为问卷"的项目。同样采用李克特 5 级评分，得分越高，代表儿童的问题行为也越多。

由于学习适应问卷和问题行为问卷系首次使用，其信度和效度未知。我们首先对学习适应问卷和问题行为问卷的信度和效度进行检验，主要采用内部一致性信度检验和因素分析方法探索问卷维度与结构。

本研究采用结构方程模型验证学习适应问卷和问题行为问卷的效度和结构，一般来说，常用的模型评价指数及其标准如下：拟合优度指数（GFI）、标准拟合指数（NFI 或 TLI）、比较拟合指数（CFI）和递增拟合指数（IFI）等几种评价指数在 0.9 以上表示模型拟合较好，模型可以接受，其数值越是接近 1，表示模型的拟合度越好；

近似误差均方根（RMSEA）小于 0.05 表示模型拟合很好，在 0.05 ~ 0.08 表示模型拟合较好，在 0.08 ~ 0.10 表示模型仍可以接受，但如果大于 0.10 就表示模型拟合欠佳；卡方值（x^2）越小表示整体模型的拟合度越好，卡方自由度比（x^2/df）越小，表示模型的拟合度越好，当其值小于 2 时表示模型的拟合度较好，当其值在 5 以上表示模型拟合度较差，其值介于 2 ~ 5 表示拟合度尚可。此外，在考虑模型的适合度时，应当进行综合判断，参考多个指标；还要看指数是否恰当，各参数的值是否在合理范围之内。基于上述考虑，本研究选择卡方自由度比（x^2/df）、NFI、TLI、CFI、IFI、GFI、RMSEA 几个拟合指数对模型的适合度进行检验。

对学习适应问卷的项目探索性因素分析结果表明，学习适应问卷 5 个题目收敛于一个因子，可解释方差总变异的 45.44%，问卷的内部一致性信度为 0.70，各项目的因子负荷值如表 7-1 所示。

表 7-1 学习适应问卷项目、负荷值和信度

因 子	项 目	负荷值	内部一致性信度
学习适应	学习时我经常心不在焉	0.65	0.70
	我会主动规划自己的学习目标和时间	0.64	
	我会认真地完成作业	0.69	
	我对学习不感兴趣	0.72	
	学习让我很有成就感	0.67	

为进一步验证学习适应问卷的结构效度，我们使用 AMOS6.0 软件对学习适应问卷进行验证性因素分析，以极大似然估计法（Maximum Likelihood Estimation）检验模型的拟合程度。具体结果如表 7-2 和图 7-1 所示。

表 7-2 学习适应问卷模型的拟合指数

模 型	x^2	df	x^2/df	NFI	RFI	IFI	TLI	CFI	RMSEA
学习适应问卷单维结构	15.52	5	3.10	0.98	0.93	0.99	0.95	0.99	0.047

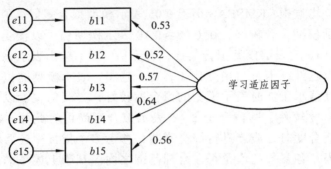

图 7-1　学习适应问卷的验证性因素分析标准化路径图

从表 7-2 的模型拟合指数和图 7-1 的标准化路径图可见，学习适应问卷单维结构的拟合指数比较理想，单因素模型与数据的拟合程度比较高。

对问题行为问卷的探索性因素分析（正交旋转）结果表明，问题行为问卷的 10 个题目收敛于两个因子，可解释方差总变异的 42.52%，问卷整体的内部一致性信度为 0.74。我们依据各因子所包含项目的含义，将其分别命名为品行与违纪行为因子、敌意与破坏行为因子，内部一致性信度分别为 0.70 和 0.68。各项目的因子负荷值如表 7-3 所示。

表 7-3　问题行为问卷项目、负荷值和信度

因子	项　　目	负荷值	内部一致性信度
品行与违纪行为	经常争论或争吵，甚至吵架或打架	0.56	0.70
	不爱听父母或老师的话	0.54	
	上课不专心，不喜欢遵守学校纪律	0.59	
	经常上网或玩游戏	0.56	
	经常抽烟或喝酒	0.74	
	抄袭作业或考试作弊	0.61	
敌意与破坏行为	容易嫉妒其他同学	0.74	0.68
	乱发脾气或脾气暴躁	0.61	
	破坏自己、他人的东西或公共财物	0.47	
	与其他同学攀比吃穿	0.51	

采用 AMOS6.0 软件对问题行为问卷进行验证性因素分析，以极大似然估计法（Maximum Likelihood Estimation）检验模型的拟合程度。如表 7-4 所示，问题行为问卷两因素模型的拟合指数良好，明显优于单因素竞争模型的拟合指数。图 7-2 是两因素模型的标准化路径图。结果表明，问题行为问卷两因素模型与数据的拟合程度比较高。

表 7-4　问题行为问卷各模型的拟合指数

模　　型	x^2	df	x^2/df	NFI	RFI	IFI	TLI	CFI	RMSEA
两因素模型	124.77	34	3.67	0.91	0.86	0.94	0.90	0.94	0.052
单因素模型	146.96	35	4.20	0.89	0.84	0.92	0.87	0.92	0.057

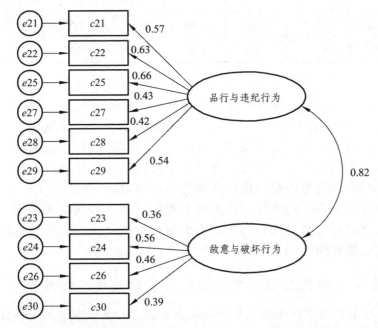

图 7-2　问题行为问卷的验证性因素分析标准化路径图

从上述信度和效度检验结果来看，学习适应问卷和问题行为问卷的信度和效度比较符合心理测量学标准，可以在研究中使用。

三、研究结果与分析

（一）流动儿童行为适应的总体状况

对流动儿童学习适应和问题行为的得分情况进行描述性统计分析，具体结果如表 7-5 所示。为使分数的含义更加直观，我们将总分除以项目数得到项目均分。

表 7-5　流动儿童学习适应和问题行为各维度得分的描述性统计分析

变　量	n	最低分	最高分	平均数	标准差
学习适应	778	1.20	5.00	3.79	0.76
品行与违纪行为	781	1.00	4.17	1.71	0.52
敌意与破坏行为	774	1.00	4.00	1.52	0.48
问题行为总分	768	1.00	3.40	1.63	0.44

从表 7-5 可以看出，流动儿童学习适应得分处于中等偏上水平（得分越高表示学习适应状况越好，理论得分范围 1～5，理论中值为 3），而问题行为得分处于中等偏下水平（得分越高表示问题行为越多，理论得分范围 1～5，理论中值为 3）。从流动儿童问题行为的两个因子得分情况来看，品行与违纪行为高于敌意与破坏行为。结果表明，流动儿童总体的学习适应状况较好，问题行为并不太多，但平时的违纪行为相对更多，品行表现欠佳。流动儿童家长、教育机构的相关人士应该加以关注，在平时生活中注意引导和纠正。

（二）两类流动儿童、本地儿童行为适应的差异

打工子弟学校流动儿童、公立学校流动儿童和本地儿童是否在学习适应和问题行为上存在差异，是本研究重点关注的问题。我们采用单因素方差分析逐一考察两类流动儿童和本地儿童在学习适应和问题行为上的差异。

1. 两类流动儿童、本地儿童的学习适应差异

如表 7-6 所示，两类流动儿童、本地儿童在学习适应上存在显著性差异（$F = 4.73$，$P = 0.009$），具体而言，打工子弟学校流动儿童的学习适应得分最低，公立学校流动儿童的学习适应得分居中，公立学校本地儿童的学习适应得分最高（见图 7-3）。

表 7-6　两类流动儿童、本地儿童学习适应单因素方差分析

儿童类别	平均数	标准差	F 值	P 值
打工子弟学校 流动儿童 ①	3.77	0.74		
公立学校 流动儿童 ②	3.86	0.79	4.73	0.009
公立学校 本地儿童 ③	3.97	0.78		
LSD 事后多重比较	③ > ①			

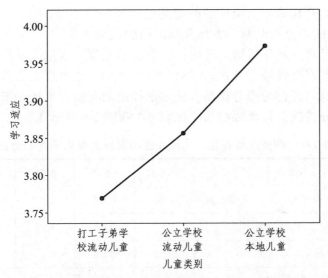

图 7-3　两类流动儿童、本地儿童学习适应得分碎石图

进一步采用 LSD 法进行事后多重比较，结果发现，公立学校本地儿童的学习适应得分显著高于打工子弟学校流动儿童的学习适应得分（平均数差异 = 0.20，P = 0.003），公立学校流动儿童的学习适应得分与本地儿童的学习适应得分差异不显著（平均数差异 = 0.11，P = 0.123）、与打工子弟学校流动儿童的学习适应得分差异也不显著（平均数差异 = 0.09，P = 0.137）。

本地儿童的学习适应状况显著优于打工子弟学校的流动儿童，但公立学校的流动儿童却与其他两类儿童的学习适应状况差异不显著。这种结果的出现，一方面与流动儿童的家庭教育有一定关系，流动儿童父母的文化水平普遍不高，在学习方法和学习兴趣的培养上不能给予必要的指导，此外，流动儿童跟随父母在城市流动，生活环境和学校环境的变化也会导致流动儿童产生种种的不适；但另一方面，相对打工子弟学校而言，公立学校的教育环境和学习氛围相对较好，学校老师给予的指导和教育也更多，学校教育在一定程度上弥补了家庭教育的不足。由此可见，改善流动儿童学习的教学环境是提升其学习适应性的关键因素。

2. 两类流动儿童、本地儿童的问题行为差异

单因素方差分析结果表明，两类流动儿童、本地儿童在问题行为上存在显著性差异（F = 4.98，P = 0.007），其中打工子弟学校流动儿童的问题行为得分最高，公立学校流动儿童和本地儿童的问题行为得分较低，且大致相等（如表 7-7 和图 7-4 所示）。

表 7-7　两类流动儿童、本地儿童问题行为单因素方差分析

儿童类别	平均数	标准差	F 值	P 值
打工子弟学校 流动儿童 ①	1.66	0.44		
公立学校 流动儿童 ②	1.57	0.43	4.98	0.007
公立学校 本地儿童 ③	1.57	0.39		
LSD 事后多重比较	① > ②，③			

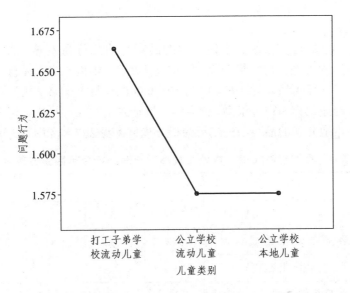

图 7-4　两类流动儿童、本地儿童问题行为得分碎石图

采用 LSD 法进行事后多重比较，结果发现，打工子弟学校流动儿童的问题行为得分显著高于公立学校流动儿童的问题行为得分（平均数差异 = 0.09，$P = 0.020$），也显著高于本地儿童的问题行为得分（平均数差异 = 0.09，$P = 0.007$）。

打工子弟学校流动儿童的问题行为相对较多，公立学校流动儿童的问题行为与本地儿童基本无异。这种结果应该与家庭教育、学校环境有很大关系，一方面，流动儿童父母平时工作较为劳累和繁忙，无暇关注流动儿童的行为问题，也未能及时发现流动儿童的问题行为，主观上甚至认为只要学校老师没有反馈孩子的问题，就代表没有问题，或只是有一些小的问题，如与同学吵架、抄袭作业等，父母认为并不是问题，在一定程度上纵容了流动儿童的问题行为。另一方面，打工子弟学校的校内环境和校外环境比较糟糕，打工子弟学校对流动儿童品行和纪律的要求并没有公立学校那么严格。受制于环境的影响，打工子弟学校的流动儿童可能会相互模仿，导致问题行为不断蔓延或增加。这种结果再次印证了学校环境对于流动儿童问题行为的重要影响。

3. 两类流动儿童、本地儿童的品行与违纪行为差异

单因素方差分析结果表明，两类流动儿童、本地儿童在品行与违纪行为上存在显著性差异（$F = 4.81$，$P = 0.008$），打工子弟学校流动儿童的品行与违纪行为得分最高，公立学校流动儿童的品行与违纪行为得分居中，本地儿童的品行与违纪行为得分最低（见表7-8和图7-5）。

表7-8　两类流动儿童、本地儿童品行与违纪行为单因素方差分析

儿童类别	平均数	标准差	F 值	P 值
打工子弟学校 流动儿童 ①	1.74	0.52		
公立学校 流动儿童 ②	1.64	0.52	4.81	0.008
公立学校 本地儿童 ③	1.63	0.45		
LSD 事后多重比较	① > ②，③			

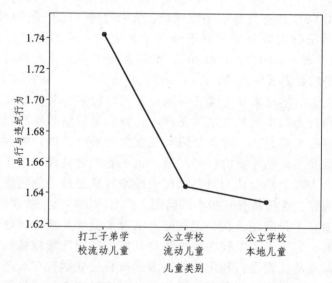

图 7-5　两类流动儿童、本地儿童品行与违纪行为得分碎石图

采用 LSD 法进行事后多重比较，结果发现，打工子弟学校流动儿童的品行与违纪行为得分显著高于公立学校流动儿童的品行与违纪行为得分（平均数差异 = 0.10，$P = 0.011$），同样也显著高于本地儿童的品行与违纪行为得分（平均数差异 = 0.11，$P = 0.016$）。公立学校流动儿童与本地儿童的品行与违纪行为得分差异不显著（平均数差异 = 0.01，$P = 0.845$）。

打工子弟学校流动儿童与公立学校流动儿童和本地儿童在品行与违纪行为上存在显著性差异。结果提示，打工子弟学校应当加强对流动儿童的品行和纪律的要求，注意培养流动儿童的基本行为品德，如尊重家长和老师、关爱同学，杜绝一些不符合道德规范和学校纪律的行为表现，在流动儿童行为处在可塑性较大的阶段严格要求，塑造良好的行为。

4. 两类流动儿童、本地儿童的敌意与破坏行为差异

如表 7-9 所示，两类流动儿童、本地儿童在敌意与破坏行为上不存在显著性差异（$F = 2.41$，$P = 0.090$）。从得分情况来看，打工子弟学校流动儿童的敌意与破坏行为得分最高，但由于这种差异并未达到 0.05 的显著性水平。因此，可以认为流动儿童与本地儿童的敌意与破坏行为差异不大。

表 7-9　两类流动儿童、本地儿童敌意与破坏行为单因素方差分析

儿童类别	平均数	标准差	F 值	P 值
打工子弟学校 流动儿童	1.55	0.49		
公立学校 流动儿童	1.47	0.45	2.41	0.090
公立学校 本地儿童	1.49	0.47		

从上述结果来看，打工子弟学校的流动儿童与本地儿童在学习适应和问题行为上存在显著性差异，而问题行为的差异主要体现在品行与违纪行为方面。打工子弟学校的流动儿童在学习适应性方面、品行与违纪行为方面与本地儿童存在一定的差距，这为相关部门开展流动儿童的行为干预工作提供了实证依据。

（三）流动儿童行为适应的性别差异

对不同性别流动儿童的学习适应和问题行为得分进行独立样本 t 检验，结果如表 7-10 所示。结果表明，不同性别的流动儿童在学习适应（ $t = -5.59$， $P = 0.000$ ）、品行与违纪行为（ $t = 10.03$， $P = 0.000$ ）和问题行为总分（ $t = 7.26$， $P = 0.000$ ）上存在显著性差异，在敌意与破坏行为上的差异并不显著（ $P > 0.05$ ）。同时，性别（男、女）与流动儿童类别（打工子弟学校和公立学校）在各变量上的交互效应均不显著（ $P > 0.05$ ）。

表 7-10　不同性别的流动儿童行为适应状况独立样本 t 检验

变　量	性别	n	平均数	标准差	t 值	P 值
学习适应	男	427	3.68	0.75	-5.59	0.000
	女	315	3.99	0.74		
品行与违纪行为	男	431	1.87	0.52	10.03	0.000
	女	314	1.51	0.43		
敌意与破坏行为	男	425	1.53	0.47	1.01	0.315
	女	315	1.50	0.49		
问题行为总分	男	422	1.73	0.43	7.26	0.000
	女	312	1.50	0.40		

流动女童的学习适应得分显著高于流动男童，同时，流动男童在品行与违纪得分和问题行为总分上显著高于流动女童。这种结果表明，流动女童的行为适应状况优于流动男童，这与李晓巍、邹泓和王莉（2009），李晓巍、邹泓和金灿灿（2008），王涛、李海华（2006），崔娜（2008），胡韬（2012）等人的研究结果比较一致。

流动女童的学习适应状况优于流动男童，而品行与违纪行为状况少于流动男童，这可能与两性的心理发展特点有一定关系。在儿童阶段，女孩的心理发展比男孩的心理发展提早一年左右，一般情况下，其学习上进心更强，心理成熟度更高，学习成绩相对较好，学习适应性更好。此外，与男孩相比，女孩一般比较乖巧、文静，在学校更守纪律，善于聆听家长和老师的教导，出现品行和违纪行为的情况相对较少。因此，整体而言，流动女童的行为适应状况优于流动男童。

（四）流动儿童行为适应的年级差异

单因素方差分析结果显示，不同年级的流动儿童在学习适应（$F = 11.66$，$P = 0.000$）、品行与违纪行为（$F = 5.28$，$P = 0.005$）、敌意与破坏行为（$F = 8.76$，$P = 0.000$）、问题行为总分（$F = 8.17$，$P = 0.000$）上均存在显著性差异。方差分析和 LSD 事后多重比较结果如表 7-11 所示。

表 7-11　不同年级的流动儿童行为适应状况单因素方差分析

变　量	年　级	n	平均数	标准差	F 值	P 值	LSD 比较
学习适应	六年级 ①	334	3.95	0.76	11.66	0.000	① > ②，③
	初一　②	197	3.72	0.74			
	初二　③	247	3.66	0.75			
品行与违纪行为	六年级 ①	336	1.65	0.51	5.28	0.005	② > ①
	初一　②	197	1.79	0.49			
	初二　③	248	1.73	0.54			
敌意与破坏行为	六年级 ①	332	1.47	0.45	8.76	0.000	② > ③，①
	初一　②	197	1.64	0.49			
	初二　③	245	1.49	0.49			
问题行为总分	六年级 ①	328	1.57	0.43	8.17	0.000	② > ③，①
	初一　②	196	1.73	0.43			
	初二　③	244	1.63	0.44			

在学习适应状况方面，小学六年级流动儿童显著优于初中一年级、二年级流动儿童，表现出低年级学生优于高年级学生的整体趋势（见图 7-6）。这种结果的原因可能在于，低年级学生课业内容相对简单，学业压力并不太重，但随着年级的增加，学习内容难度不断增加，课业负担也相对更重，学习兴趣逐渐下降，从而会改变流动儿童对学习的适应状况。

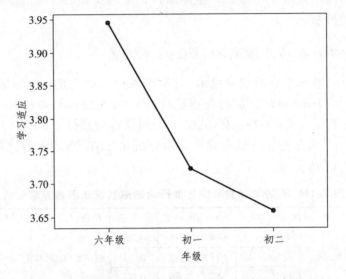

图 7-6　不同年级流动儿童学习适应得分碎石图

在问题行为状况方面,初一年级流动儿童的品行和违纪行为、敌意与破坏行为均显著多于六年级流动儿童,初一年级流动儿童的敌意与破坏行为显著多于初二年级流动儿童。从整体上来看,初一年级的问题行为最多,初二年级的问题行为居中,小学六年级的问题行为最少,大致呈现倒"V"型发展趋势(见图 7-7～图 7-9)。

初一年级流动儿童的问题行为相对较多,其原因可能在于初一流动儿童面临新入学适应的问题,到了初中阶段,自我意识和独立性不断增强,不愿完全听从于父母和老师的要求,并开始尝试一些违反纪律或父母与老师要求的行为,满足心理上的猎奇需求,各种问题行为开始增多。但到了初中二年级以后,学习压力不断增加,行为的自我控制能力也逐渐增强,因而问题行为呈现下降趋势。

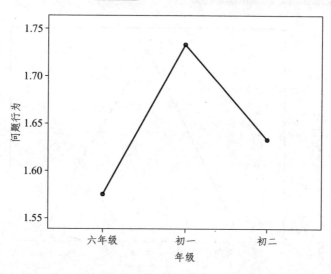

图 7-7　不同年级流动儿童问题行为得分碎石图

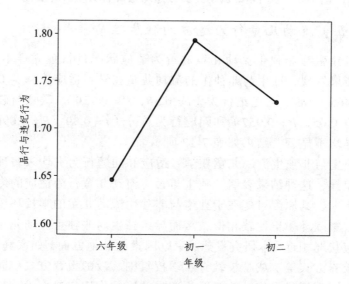

图 7-8　不同年级流动儿童品行与违纪行为得分碎石图

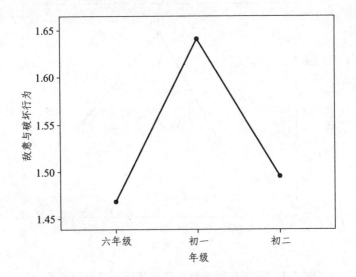

图 7-9　不同年级流动儿童敌意与破坏行为得分碎石图

（五）流动儿童行为适应的独生性质差异

对独生与非独生流动儿童的行为适应状况进行独立样本 t 检验，结果发现，独生与非独生的流动儿童在学习适应（$t = -0.73$，$P = 0.465$）、品行与违纪行为（$t = 0.36$，$P = 0.720$）、敌意与破坏行为（$t = 0.05$，$P = 0.957$）和问题行为总分（$t = 0.39$，$P = 0.696$）上的差异均不显著，结果如表 7-12 所示。

独生与非独生流动儿童在学习适应和问题行为上均未表现出显著性差异，这种结果表明，独生与否对流动儿童行为适应的影响作用并不大，其原因可能在于独生与非独生流动儿童的学校环境完全相同，家庭环境也比较相似，从而导致独生与非独生流动儿童的行为适应状况相近。本研究设想，家庭因素的其他方面（如家庭氛围、父母教养方式等）或学校教育（学校氛围、教师教育方式、同伴行为等）因素可能对流动儿童行为适应的影响作用相对更大，我们拟进一步深入探讨。

表 7-12 独生与非独生流动儿童行为适应得分独立样本 t 检验

变 量	独生性质	n	平均数	标准差	t 值	P 值
学习适应	独生	113	3.75	0.75	−0.73	0.465
	非独生	662	3.81	0.76		
品行与违纪行为	独生	113	1.72	0.51	0.36	0.720
	非独生	666	1.70	0.51		
敌意与破坏行为	独生	112	1.52	0.46	0.05	0.957
	非独生	660	1.52	0.48		
问题行为总分	独生	111	1.65	0.42	0.39	0.696
	非独生	655	1.63	0.44		

此外，本研究还检验了性别与独生性质的交互作用，结果发现，流动儿童性别（男、女）与独生性质（独生、非独生）在学习适应和问题行为上的交互作用也不显著（$P > 0.05$）。

（六）流动儿童行为适应的城市差异

采用独立样本 t 检验对广州和贵阳地区流动儿童的行为适应状况进行考察，结果发现，不同城市环境中的流动儿童，在品行与违纪行为（$t = 2.17$，$P = 0.031$）、敌意与破坏行为（$t = 2.66$，$P = 0.008$）和问题行为总分（$t = 2.56$，$P = 0.011$）上均存在显著性差异，在学习适应（$t = 1.76$，$P = 0.079$）上的差异边缘显著，但未达到 0.05 的显著性水平。具体结果如表 7-13 所示。

流动儿童心理与社会发展透视
LIUDONG ERTONG XINLI YU SHEHUI FAZHAN TOUSHI

表 7-13　不同城市的流动儿童行为适应得分独立样本 *t* 检验

变　　量	城　市	*n*	平均数	标准差	*t* 值	*P* 值
学习适应	广　州	286	3.86	0.72	1.76	0.079
	贵　阳	492	3.76	0.78		
品行与违纪行为	广　州	291	1.76	0.46	2.17	0.031
	贵　阳	490	1.68	0.55		
敌意与破坏行为	广　州	290	1.60	0.50	2.66	0.008
	贵　阳	484	1.49	0.46		
问题行为总分	广　州	288	1.69	0.41	2.56	0.011
	贵　阳	480	1.60	0.45		

　　从表 7-13 可以看出，广州地区流动儿童的学习适应状况优于贵阳地区的流动儿童，这种结果表明，广州地区流动儿童学校和公立学校的教育资源、教学环境，教师的教育理念和方法可能优于贵阳地区的学校，因而导致广州地区流动儿童的学习适应状况较好。但与此同时，广州地区流动儿童的问题行为也显著多于贵阳地区流动儿童，这种结果可能是家庭和同伴关系的影响造成的。以广州为代表的我国东部地区社会经济比较发达，父母工资和家庭生活水平相对更高，子女所获得的零用钱可能更多，同学之间容易相互攀比吃穿，在缺少监管的情况，利用课余时间上网、玩游戏等情况较为普遍，而父母长时间在工厂打工，每天接触的时间并不太多，对其问题行为的监管不到位，导致问题行为的发生率较高。因此，在行为适应方面，流动儿童所在城市的经济发展水平可能是把"双刃剑"，既有利于流动儿童的学习适应，也会造成较多的问题行为。

（七）年龄与流动儿童行为适应的关系

　　本研究采用皮尔逊积差相关的方法考察了流动儿童年龄与行为适应的关系，结果发现，流动儿童年龄与学习适应呈显著负相关（ *P* < 0.01 ）、与品行与违纪行为和问题行为总分呈显著正相关

（$P < 0.01$），与敌意与破坏行为的相关并不显著（$P > 0.05$）。结果见表 7-14 所示。

表 7-14　流动儿童年龄与行为适应的相关分析结果（r）

变量	学习适应	品行与违纪行为	敌意与破坏行为	问题行为总分
年龄	− 0.18**	0.14**	0.01	0.10**

注：　** 代表 $P<0.01$（双尾检验）

　　随着年龄的增长，流动儿童的学习适应状况有所下降（见图 7-10），其原因可能在于，年龄越大意味着流动儿童的年级越高，其学习内容的难度也相对较大，课业负担也相对更重，学习适应状况也有所降低。

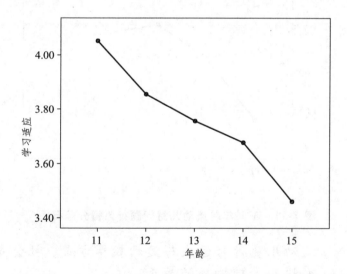

图 7-10　不同年龄流动儿童学习适应得分碎石图

　　伴随着年龄的增长，流动儿童的问题行为逐渐增多（见图 7-11），并主要体现在品行与违纪行为方面。有研究表明，从童年早期到青少年前期，儿童的问题行为先逐渐下降，到 12 岁左右达到最低，但是青春期开始以后儿童的问题行为又会有所上升，到 17、18 岁左右达到最高峰。[①] 本研究中，流动儿童的年龄范围从 10 岁至 15 岁之间，但 10 岁的流动儿童只有 9 名，其他儿童的年龄多在 11 岁至 15 岁之间，这一阶段正是问题行为不断增加的年龄段，因而出现问题行为不断增多的趋势，但只限于品行与违纪行为方面。流动儿童的敌意与破坏行为并未随年龄的变化而增加或降低，保持相对稳定的状态。结果提示，在开展流动儿童问题行为的干预实践中，应加强针对高龄流动儿童群体的干预。

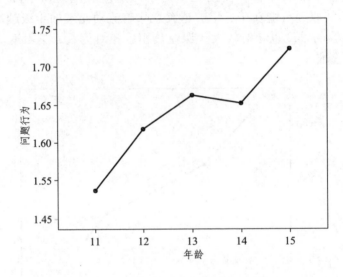

图 7-11　不同年龄流动儿童问题行为得分碎石图

（八）流动儿童行为适应与父母教养方式、社会支持、人格和心理韧性的关系

为系统考察流动儿童行为适应与父母教养方式、社会支持等环境因素以及与人格、心理韧性等个体因素的关系，我们首先使用皮

---

① 张光珍，梁宗保，陈会昌等:《2-11 岁儿童问题行为的稳定性与变化》，《心理发展与教育》，2008，24（2）: 1-5 页。

尔逊积差相关分析流动儿童行为适应得分与父母教养方式、社会支持总分和维度得分、核心自我评价得分、心理韧性总分和维度得分的相关情况。具体结果如表 7-15 所示。

表 7-15　流动儿童行为适应与父母教养方式、社会支持、
人格和心理韧性相关分析（ r ）

变　　量	学习适应	品行与违纪行为	敌意与破坏行为	问题行为总分
父亲拒绝维度	− 0.25**	0.35**	0.29**	0.38**
父亲情感温暖	0.36**	− 0.26**	− 0.23**	− 0.29**
父亲过度保护	− 0.12**	0.18**	0.21**	0.22**
母亲拒绝维度	− 0.23**	0.29**	0.30**	0.34**
母亲情感温暖	0.36**	− 0.24**	− 0.25**	− 0.28**
母亲过度保护	− 0.15**	0.20**	0.24**	0.24**
社会支持总分	0.40**	− 0.30**	− 0.23**	− 0.32**
主观支持维度	0.40**	− 0.31**	− 0.24**	− 0.33**
客观支持维度	0.22**	− 0.14**	− 0.13**	− 0.16**
对支持利用度	0.31**	− 0.28**	− 0.18**	− 0.28**
核心自我评价	0.55**	− 0.36**	− 0.37**	− 0.41**
心理韧性总分	0.48**	− 0.34**	− 0.39**	− 0.41**
目标专注维度	0.53**	− 0.29**	− 0.22**	− 0.30**
情绪控制维度	0.31**	− 0.28**	− 0.41**	− 0.38**
积极认知维度	0.20**	− 0.09*	− 0.10**	− 0.11**

注：* 代表 $P < 0.05$，＊＊ $P < 0.01$（下表同）

从表 7-15 可以看出，流动儿童行为适应与父母教养方式、社会支持、核心自我评价和心理韧性的关系比较密切。流动儿童的学习

适应与父母情感温暖、社会支持及各维度、核心自我评价、心理韧性及各维度均具有显著性正相关（$P < 0.01$），相关系数在 0.20 ~ 0.55；与父母拒绝、父母过度保护均具有显著性负相关（$P < 0.01$），相关系数在 -0.12 ~ -0.25。

在问题行为方面，情况正好相反。流动儿童的问题行为总分、品行与违纪行为、敌意与破坏行为与父母情感温暖、社会支持及各维度、核心自我评价、心理韧性及各维度均具有显著性负相关（$P < 0.05$），相关系数在 -0.09 ~ -0.41；与父母拒绝、父母过度保护均具有显著性正相关（$P < 0.01$），相关系数在 0.18 ~ 0.38。

从上述结果来看，流动儿童父母给予的情感温暖越多，批评、拒绝和过度保护的教养方式越少，社会支持水平越高，自身人格和积极心理品质越好，其学习适应状况也越好，问题行为就越少；反之亦然。

（九）流动儿童行为适应的预测变量

相关研究的结果只能说明变量之间存在共变关系，本研究进一步采用逐步多元回归分析的方法探讨影响流动儿童行为适应的重要变量有哪些。我们分别以学习适应、问题行为总分、品行与违纪行为、敌意与破坏行为为因变量，以六种父母教养方式、社会支持三个维度、核心自我评价、心理韧性三个维度为自变量进行逐步多元回归分析。具体结果如表 7-16 至表 7-19 所示。

表 7-16　父母教养方式、社会支持、核心自我评价、
心理韧性对学习适应回归分析

变　　量	学习适应（Beta）	t 值	P 值	R^2	F 值
核心自我评价	0.33	8.26	0.000		
目标专注	0.31	8.06	0.000		
母亲情感温暖	0.10	2.45	0.014	0.42	95.41**
主观支持	0.10	2.39	0.017		

表 7-17　父母教养方式、社会支持、核心自我评价、
心理韧性对问题行为回归分析

变　量	问题行为（Beta）	t 值	P 值	R^2	F 值
父亲拒绝	0.25	6.23	0.000		
情绪控制	−0.22	−4.63	0.000		
目标专注	−0.19	−4.52	0.000	0.28	51.59**
核心自我评价	−0.11	−2.26	0.025		

表 7-18　父母教养方式、社会支持、核心自我评价、
心理韧性对品行与违纪行为回归分析

变　量	品行与违纪行为（Beta）	t 值	P 值	R^2	F 值
父亲拒绝	0.27	6.57	0.000		
目标专注	−0.23	−5.43	0.000		
情绪控制	−0.13	−3.13	0.002	0.23	38.33**
对支持利用度	−0.10	−2.14	0.033		

表 7-19　父母教养方式、社会支持、核心自我评价、
心理韧性对敌意与破坏行为回归分析

变　量	敌意与破坏行为（Beta）	t 值	P 值	R^2	F 值
情绪控制	−0.31	−6.19	0.000		
母亲拒绝	0.16	3.87	0.000		
核心自我评价	−0.12	−2.38	0.018	0.24	40.62**
积极认知	−0.08	−2.08	0.038		

　　从表 7-16 的结果来看，流动儿童的核心自我评价、目标专注、母亲情感温暖和主观支持进入回归方程，可以显著预测流动儿童的学习适应状况，可解释的变异量占学习适应总变异的 42%（ $R^2 = 0.42$ ）；表 7-17 的结果显示，流动儿童的父亲拒绝、情绪控制、目标专注和核心自我评价进入回归方程，可以显著预测流动儿童的总体问题行为，可解释的变异量占问题行为总变异的 28%（ $R^2 = 0.28$ ）；表 7-18 的结果显示，流动儿童的父亲拒绝、目标专注、情绪控制和

对支持的利用度进入回归方程，并可以显著预测流动儿童的品行与违纪行为，可解释的变异量占品行与违纪行为总变异的23%（$R^2 = 0.23$）；表 7-19 的结果显示，流动儿童的情绪控制、母亲拒绝、核心自我评价和积极认知进入回归方程，并可以显著预测流动儿童的敌意与破坏行为，可解释的变异量占敌意与破坏行为总变异的24%（$R^2 = 0.24$）。

结果表明，对于学习适应而言，流动儿童的核心自我评价水平越高，在困境中坚持目标、制订计划、集中精力解决问题的专注度越高，母亲给予的情感温暖越多，主观感受到的社会支持水平越高，其学习适应性就越好。反之亦然。上述四个变量对于流动儿童学习适应的预测度较高。

对于问题行为而言，父亲给予的批评、拒绝越多，流动儿童自身调控情绪的能力越差，情绪波动和悲观情绪越多，目标专注度越低，核心自我评价水平越低，其问题行为就越容易产生。对于品行与违纪行为而言，除上述父亲批评、拒绝，情绪控制力和目标专注度三个因素以外，对社会支持的利用程度也有显著影响。主动利用社会支持较高的流动儿童,善于利用社会支持解决自己遇到的困难，不良情绪得以宣泄和释放，流动儿童的品行与违纪行为就会相对减少。被动利用社会支持的流动儿童，情况正好相反。对于敌意与破坏行为而言，流动儿童的情绪控制力越差，母亲的批评、拒绝越多，自身的核心自我评价越低，对于逆境的看法和态度越消极，其敌意与破坏行为就会越多。

虽然品行与违纪行为、敌意与破坏行为的预测变量不尽相同，但我们发现，情绪控制和父亲（母亲）拒绝是它们共同的两个预测变量。社会学习理论的提出者班杜拉（Bandura）认为，榜样学习是个体学习的重要方式，儿童的许多行为都是榜样学习的结果。当流动儿童的父母采用批评、惩罚和拒绝的教养方式对待孩子时，容易被孩子所模仿，从而在环境中表现出来。当这些行为受到强化以后，便多次出现，甚至变成一种行为习惯。结果提示，在对流动儿童问题行为进行干预时，应特别注意针对流动儿童不良情绪的控制，尽量减少流动儿童情绪波动和悲观情绪，同时，应改善流动儿童父母的教养方式，尤其是减少父母对孩子采用批评、惩罚和拒绝等简单粗暴的教养方式。

（十）社会支持对流动儿童行为适应的影响机制分析

社会支持是指个体所感受到自身所属社会网络的成员给予自己的关心、爱护和尊重的一种信息，社会成员之间的相互支持不仅可以缓解生活压力的消极影响，还可以促进个体的社会适应和身心健康（Cobb，1976）。对于处境不利的儿童而言，社会支持是一种重要的资源，既可以提高个体的自我评价水平，增强其应对不良环境的心理能力，也可以直接缓冲外在压力事件的消极影响，对心理和行为适应具有一定的保护作用（Callaghan & Morrissey，1993；刘霞，范兴华，申继亮，2007）。国内已有的相关研究发现，社会支持是影响流动儿童城市适应的重要因素之一（刘杨，方晓义，蔡荣，吴杨，张耀方，2008），流动儿童的社会支持状况与学校适应水平密切相关（谭千保，2010）。

人格是个体独特的心理特征的整合模式，也是个体行为的核心动力因素。有研究表明，青少年社会适应行为与人格的关系密切（McCrae & Costa，1997），人格对青少年的社会适应行为，包括良好的社会适应行为和不良的社会适应行为均起着显著的预测作用（聂衍刚，林崇德，郑雪，丁莉，彭以松，2008；Merenäkk，et al，2003）。有研究探讨了流动儿童人格与其问题行为的关系，结果发现人格的情绪性、开放性可以显著正向预测流动儿童的内、外化行为问题，外向性显著负向预测内化行为问题，宜人性、谨慎性显著负向预测外化行为问题（李晓巍，邹泓，金灿灿，柯锐，2008）。

不仅社会支持、人格可以单独预测行为适应状况，而且它们也有可能共同对行为适应产生作用。有研究表明，社会支持和人格能够显著预测工作倦怠，且社会支持和人格的交互作用也能够显著预测情绪困扰（Eastburg，Williamson，Gorsuch & Ridley，1994）。也有研究发现，社会支持和人格特质可以显著预测留守儿童的问题行为，且人格在社会支持和问题行为之间具有中介效应（史方方，2012）。从内外因的视角来看，社会支持是流动儿童行为适应的外在影响因素，而人格则是其内在影响因素，外因如何通过内因对其产生影响，这一过程尚不清楚，需要进一步探讨两者对流动儿童行为适应的作用机制。

核心自我评价是个体对自身能力和价值所持有的最基本的评价，是一种整体的自我评价（Judge，Locke，Durham & Kluger，1998；Brunborg，2008）。有研究表明，核心自我评价是一种处于自尊、控制点、神经质和一般自我效能感四种人格特质之下的高阶人格结构，它可以更有效地评估个体的人格倾向（Judge & Bono，2001；Judge，Erez，Bono & Thoresen，2002），核心自我评价概念在中国文化背景下同样存在，并可以作为人格评价的重要指标（杜卫，张厚粲，朱小姝，2007；吴超荣，甘怡群，2005）。本研究将考察社会支持这一外因如何与核心自我评价这一内因相结合，进一步影响流动儿童的行为适应。因此，研究将重点考察：核心自我评价在社会支持对流动儿童行为适应的影响中是否起到中介作用，即社会支持不但直接影响行为适应，也会通过核心自我评价而间接影响行为适应；核心自我评价在社会支持对流动儿童行为适应的影响中是否起到调节作用，即社会支持和核心自我评价的交互作用可以显著预测流动儿童的行为适应。

1. 核心自我评价在社会支持与行为适应之间的中介效应分析

本研究运用 AMOS 结构方程分析核心自我评价的中介作用。首先，进行社会支持对行为适应的直接效应检验，直接效应的模型拟合指数如下：$x^2/df = 1.85$，NFI = 0.98，IFI = 0.99，TLI = 0.98，CFI = 0.99，RMSEA = 0.033。社会支持对问题行为的直接路径系数显著（$\beta = -0.45$，$P < 0.01$），对学习适应的直接路径系数显著（$\beta = 0.49$，$P < 0.01$）。

加入核心自我评价作为中介变量之后的间接模型（见图 7-12）拟合指数良好：$x^2/df = 4.56$，NFI $= 0.96$，IFI $= 0.97$，TLI $= 0.94$，CFI $= 0.97$，RMSEA $= 0.076$。间接效应的路径结果显示：社会支持对核心自我评价的路径显著（$\beta = 0.54$，$P < 0.01$），核心自我评价对问题行为的路径显著（$\beta = -0.27$，$P < 0.01$），社会支持对问题行为的路径显著下降（$\beta = -0.32$，$P < 0.01$）。Bootstrap 中介效应检验发现，社会支持对问题行为的间接效应在 99% 的置信区间内介于 -0.23 到 -0.07 之间，不包括 0，间接效应显著，表明核心自我评价在社会支持与问题行为之间起部分中介作用。此外，核心自我评价对学习适应的路径显著（$\beta = 0.41$，$P < 0.01$），社会支持对学习适应的路径显著下降（$\beta = 0.27$，$P < 0.01$）。Bootstrap 中介效应检验发现，社会支持对学习适应的间接效应在 99% 的置信区间内介于 0.17 到 0.28 之间，不包括 0，间接效应显著，表明核心自我评价在社会支持与学习适应之间同样起部分中介作用。

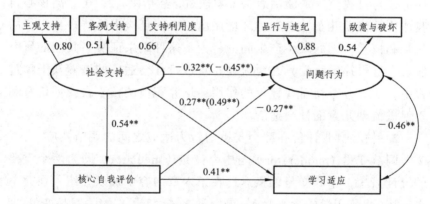

图 7-12　核心自我评价在社会支持与行为适应之间的中介效应模型
（注：括号内为未加入核心自我评价之前的路径系数）

良好的社会支持有助于高风险儿童及青少年的积极适应，降低压力事件的消极影响（Cauce，Felner，Primavera，1982；DuBois，Felner，Meares，Krier，1994）。相关分析的结果显示社会支持与流动儿童的学习适应和问题行为存在显著的正向相关，流动儿童的社会支持水平越高，其学习适应状况越好，问题行为就越少。虽然已有研究发现社会支持、人格可以共同对个体的行为适应产生作用，然而迄今为止还未见有实证研究将核心自我评价作为中介变量来考察社会支持对个体行为适应的内部机制。

核心自我评价是一种总体的自我评价，它影响着个体对具体领域的自我评价。本研究结果发现，核心自我评价在社会支持与学习适应、社会支持与问题行为之间均起着部分中介作用。流动儿童在日常生活中所感受到的来自家庭和群体的社会支持会增加他们的成功经验、获得重要他人的积极评价，从而提高他们的自我评价，那些拥有高核心自我评价的流动儿童通常认为自己有更好的能力，因此产生更积极的目标和更高的成就动机（Judge & Larsen，2001），从而获得更好的学业成绩、取得更好的学习适应。同时，核心自我评价还与自我监控的激活有关（黎建斌，聂衍刚，2010），高核心自我评价的流动儿童倾向于对环境做出积极的反应来维持自身积极的认知和情感，因而较少产生问题行为。这种结果证实了我们的研究假设，这也提示我们，在对流动儿童进行社会适应的培养及干预过程中，应充分重视自我评价的作用，培养积极的核心自我评价有利于促进流动儿童的社会适应。

2. 核心自我评价在社会支持与行为适应之间的调节效应

调节变量（moderator）与中介变量（mediator）同为两个重要的统计概念，中介变量的概念已在第六章内容中加以介绍，在此不再赘述。调节变量的含义是：如果变量 X 与变量 Y 的关系是变量 M 的函数，则称 M 为调节变量。调节变量可以是定性的（如性别、民族、学校类型等），也可以是定量的（如年龄、受教育年限、流动时间等），调节变量影响自变量 X 与因变量 Y 之间关系的方向和强弱。例如，学生的学习效果和教师的授课方案之间的关系往往受到学生个性特点的影响：一种授课方案对一类学生很有效果，但对另一类学生可能没有效果，从而学生个性是调节变量。调节变量的模型可以用图 7-13 示意。

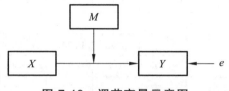

图 7-13 调节变量示意图

调节变量（moderator）与中介变量（mediator）的概念和内涵不同，统计分析方法也有很多区别，本研究按照温忠麟、侯杰泰、张雷（2005）的建议进行调节效应的检验，即将自变量和调节变量中心化，做 $Y = aX + bM + cXM + e$ 的层次回归分析，通过检验测定系数 R^2 的变化量是否显著，或者检验交互项 XM 的回归系数是否显著，来判断调节效应是否显著。[①]

本研究以社会支持为自变量、以核心自我评价为调节变量，以学习适应、问题行为为因变量，对流动儿童样本运用分层回归分析检验核心自我评价的调节效应，分层回归分析的步骤如下：

（1）将社会支持、核心自我评价得分中心化处理（减去均值）；

（2）生成社会支持×核心自我评价的乘积项；

（3）分别以学习适应、问题行为为因变量进行分层回归分析。

第一步做学习适应、问题行为对社会支持和核心自我评价的回归，第二步做学习适应、问题行为对社会支持、核心自我评价和乘积项的回归，通过两个回归方程的 $\triangle R^2$ 是否显著或乘积项的回归系数是否显著，来判断核心自我评价的调节效应是否显著。具体结果如表 7-20、7-21 所示。

---

① 温忠麟，侯杰泰，张雷：《调节效应与中介效应的比较和应用》，《心理学报》，2005，37（2）：268-274 页。

表 7-20　核心自我评价在社会支持与学习适应关系中的调节效应检验

	回归方程一（学习适应）			回归方程二（学习适应）		
	Beta 值	t 值	P 值	Beta 值	t 值	P 值
第一步　主效应						
社会支持	0.19	5.46	0.000	0.18	5.26	0.000
核心自我评价	0.46	13.46	0.000	0.47	13.71	0.000
第二步　调节效应						
社会支持×核心自我评价				0.08	2.58	0.010
R^2	0.326			0.332		
$\triangle R^2$	0.326**			0.006*		

表 7-21　核心自我评价在社会支持与问题行为关系中的调节效应检验

	回归方程一（问题行为）			回归方程二（问题行为）		
	Beta 值	t 值	P 值	Beta 值	t 值	P 值
第一步　主效应						
社会支持	− 0.17	− 4.49	0.000	− 0.17	− 4.39	0.000
核心自我评价	− 0.33	− 8.71	0.000	− 0.33	− 8.75	0.000
第二步　调节效应						
社会支持×核心自我评价				− 0.03	− 0.87	0.384
R^2	0.189			0.189		
$\triangle R^2$	0.189**			0.000		

　　由表 7-20 可知，对学习适应回归方程一的决定系数（R^2）为 0.326，回归方程二的决定系数（R^2）为 0.332，两个回归方程的 $\triangle R^2$ 为 0.006，社会支持×核心自我评价乘积项的 Beta 值为 0.08（$P < 0.05$）。因此，我们可以认为，核心自我评价在社会支持与学习适应之间具有显著的调节效应。

　　由表 7-21 可知，对问题行为回归方程一的决定系数（R^2）是 0.189，回归方程二的决定系数（R^2）也是 0.189，两个回归方程的 $\triangle R^2$ 为 0.000，社会支持×核心自我评价乘积项的 Beta 值为 − 0.03

（ *P*>0.05 ）。因此，核心自我评价在社会支持与问题行为之间不具有调节效应。

　　为进一步揭示核心自我评价在社会支持与学习适应之间的调节作用，本研究依据 Aiken 和 West（1991）提出的简单斜率检验法[①]，计算出核心自我评价为平均数正负一个标准差时，社会支持对学习适应的预测作用，绘制了调节效应分析图（见图 7-14），并检验了简单斜率的显著性水平。结果显示，核心自我评价较高的流动儿童，社会支持高低对其学习适应的影响较大（Simple slope = 0.26， t = 4.33，*P*<0.01）；而核心自我评价较低的流动儿童，社会支持高低对其学习适应的影响相对较小（Simple slope = 0.10, t = 1.43, *P*>0.05）。

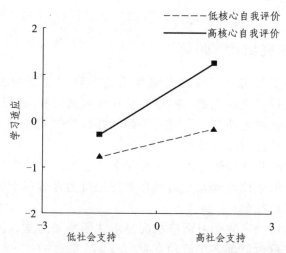

图 7-14　核心自我评价在社会支持与学习适应之间的调节效应

　　关于社会支持对流动儿童行为适应的影响机制，本研究考察了核心自我评价在社会支持与学习适应、社会支持与问题行为之间的调节作用。研究结果显示，核心自我评价在社会支持与学习适应之间具有显著的调节效应，但在社会支持与问题行为之间并不具有显

① Aiken, L. S., West, S. G: "*Multiple Regression: Testing and Interpreting interactions*". Newbury Park, CA: Sage, 1991: pp54-61.

著的调节效应，这一结果部分证实了我们的研究假设。也就是说，在社会支持水平等同的条件下，高核心自我评价流动儿童的学习适应状况较好，而低核心自我评价流动儿童学习适应状况较差。国外有研究发现，大学生的核心自我评价并不能显著预测学业成绩，但在智力与学业成绩之间存在调节作用（Rosopa & Schroeder，2009），在同等智力条件下，核心自我评价水平较高的学生能获得更好的学业成绩。当面临一定的社会支持状况时，核心自我评价水平较高的流动儿童可以通过积极应对学习事件而获得超越学习事件本身的优势和好处，将学习事件优势扩大化，从而获得更好的学习适应；核心自我评价水平较低的流动儿童，应对和获益的能力与效果相对较弱。

四、研究结论

本研究主要考察了流动儿童学习适应和问题行为的特点和规律，对比分析了流动儿童与本地儿童在学习适应和问题行为上的差异，探讨了影响流动儿童学习适应和问题行为的重要因素及其内在作用机制，并得出以下结论：

（1）本地儿童的学习适应状况显著优于打工子弟学校的流动儿童；打工子弟学校流动儿童的品行与违纪行为显著多于公立学校流动儿童和本地儿童。

（2）流动女童的学习适应状况显著优于流动男童，流动男童的品行与违纪行为显著多于流动女童。

（3）小学六年级流动儿童的学习适应状况显著优于初中一年级、二年级流动儿童。初一年级流动儿童的问题行为显著多于六年级流动儿童，初一年级流动儿童的敌意与破坏行为显著多于初二年级流动儿童。

（4）独生与非独生流动儿童在学习适应、问题行为上均不存在显著差异。

（5）广州地区流动儿童的学习适应状况优于贵阳地区流动儿

童，但问题行为显著多于贵阳地区流动儿童。

（6）流动儿童年龄与学习适应呈显著负相关，与品行与违纪行为和问题行为总分呈显著正相关。

（7）流动儿童的学习适应与父母情感温暖、社会支持及各维度、核心自我评价、心理韧性及各维度均具有显著性正相关；与父母拒绝、父母过度保护均具有显著性负相关。

（8）流动儿童的问题行为总分、品行与违纪行为、敌意与破坏行为与父母情感温暖、社会支持及各维度、核心自我评价、心理韧性及各维度均具有显著性负相关；与父母拒绝、父母过度保护均具有显著性正相关。

（9）流动儿童的核心自我评价、目标专注、母亲情感温暖和主观支持可以显著预测流动儿童的学习适应状况，可解释变异量占总变异的42%；流动儿童的父亲拒绝、情绪控制、目标专注和核心自我评价可以显著预测流动儿童的总体问题行为，可解释变异量占总变异的28%；流动儿童的父亲拒绝、目标专注、情绪控制和对支持的利用度可以显著预测流动儿童的品行与违纪行为，可解释变异量占总变异的23%；流动儿童的情绪控制、母亲拒绝、核心自我评价和积极认知可以显著预测流动儿童的敌意与破坏行为，可解释变异量占总变异的24%。

（10）核心自我评价在流动儿童社会支持与学习适应、社会支持与问题行为之间均起着部分中介作用。

（11）核心自我评价在流动儿童社会支持与学习适应之间具有显著的调节效应。

五、对策与建议

不良的学习适应状况和较多的问题行为会阻碍儿童个性、社会性的发展，对其城市适应和身心健康十分不利，甚至导致青少年犯罪问题。本研究结果表明，流动儿童的学习适应状况低于本地儿童，问题行为也多于本地儿童。因此，有必要开展针对流动儿童的行为

干预，以促进流动儿童的行为适应状况。

纵观已有研究，我们发现，有关一般儿童行为适应的干预很多，但针对流动儿童行为适应的干预相对较少。研究者多采用团体心理辅导、小组工作干预或个案干预等方式来进行干预，均能取得一定的效果。如唐峥华（2013）等人的研究表明，研究者设计的"团体心理辅导干预能有效减轻流动儿童孤独感情绪，提高其自我接纳程度和自我评价水平，增强其自信心，促进其健康心理行为的形成和发展"[1]。张巧玲（2013）等人的研究发现，"团体心理辅导提供了一种途径：最有效地利用时间以便为最多数的流动儿童提供服务，并从时间上大大加快流动儿童心理状况好转的进程，从整体上提高流动儿童的心理健康水平"[2]。田捷（2013）的研究表明，"团体辅导方式对缓解流动儿童的孤独、提高流动儿童的心理健康水平的确具有积极的作用，它有利于全方位调节流动儿童的孤独，为流动儿童营造一个安全、理解、温暖的氛围，有利于提高流动儿童的社会支持感"[3]。裴林亮（2010）采用社会工作干预，主要包括小组工作和个案工作两种方法，"对流动儿童的情绪认知进行干预，帮助流动儿童与周围人建立良好的人际关系，在一定程度上促进流动儿童更好地适应城市社会"[4]。也有研究者尝试采用多元化的干预措施进行干预，如张琦和盖萍（2012）以健康促进学校理论为核心，通过实施两年的"以心理健康为切入点的学校健康促进"项目，"运用健康管理（学校管理层面促进健康，如制定学校章程和执行条例）、健康教育（学校教师层面促进健康，如开办家长学校，指导家长）

---

① 唐峥华，林盈盈，刘丹等：《团体心理辅导对流动儿童心理干预效果的初步研究》，《广西医科大学学报》，2013，30（3）：364-366页。

② 张巧玲，张曼华等：《团体心理辅导对流动儿童的影响效果》，《中国健康心理学杂志》，2013，21（9）：1333-1336页。

③ 田捷：《团体辅导对流动儿童孤独感的干预研究》，《成都师范学院学报》，2013，29（4）：66-68页。

④ 裴林亮：《城市流动儿童社会适应的社会工作干预》，南京大学硕士学位论文，2012年。

和健康服务（学校服务层面促进健康，如成立校园专家小组，开展集体诊断治疗活动）等多种形式进行干预，有效地增强了流动儿童的自信心，吸烟和饮酒等行为也有了明显的改善"[①]。但总体来说，上述干预措施或方法比较单一，未能综合考虑流动儿童行为适应的多种影响因素，也未能从全局的角度统筹规划。由于影响流动儿童行为适应的原因比较复杂，因而造成干预效果持续时间短暂或效果反弹等现象。因此，我们应当从系统的角度设计流动儿童行为适应的干预体制，力求从根本上解决问题。

（一）政府积极倡导

流动儿童城市适应的影响因素较为复杂，单靠流动儿童家庭自身无法解决流动儿童面临的各种问题，因此，流动儿童流入地政府应积极倡导并实施流动儿童的关爱行动，充分动员政府、学校、社区等各方力量共同应对。

流入地政府应加大改革力度，对流动儿童家庭给予政策支持和制度保障，打破教育公平壁垒，促进教育公平，如取消针对流动儿童的入学限制、升学限制和考试限制，使流动儿童享受到与本地儿童同等的教育资源，创造流动儿童学习适应的环境和氛围；同时，应广泛宣传营造包容的社会环境，消除城市居民对于流动人口和流动儿童的偏见和排斥，使他们感受到周围群体的接纳、支持和尊重，最大限度地减少流动儿童的知觉歧视，降低流动儿童的受挫感和无助感，尽可能减少问题行为的诱发因素。

流动地城市的社区应当发挥积极作用，充分发展社区的教育职能，利用社区教育资源，开办流动儿童"家长学校"，邀请专家、学者和社会公益人士举办家庭教育讲座，传播家庭教育知识，举办亲子活动，加强父母、邻居与流动儿童的沟通与交流。

[①] 张琦，盖萍：《某民工子弟学校流动儿童心理健康干预效果评价》，《中国学校卫生》，2012，33（12）：1449-1451页。

（二）学校教育干预

学校是流动儿童学习适应和问题行为干预的主体机构。以学习适应为例，流动儿童的学习适应并非是由于智力问题，而是非智力的影响因素和学习氛围、学习方法存在一些问题，学校可开展针对流动儿童学习适应的专题调研和干预。由于打工子弟学校的教育环境和学习氛围相对较差，打工子弟学校流动儿童的学习适应状况最差，因此，改善流动儿童学习的教学环境，营造好学、积极向上的学习氛围是提升其学习适应性的关键因素。除此之外，学校干预应重点关注培养流动儿童的学习方法，就学习方法问题开展课堂讨论、全体交流；采用激励手段，提高流动儿童的学习动机，指导流动儿童制订学习计划与目标，鼓励他们为实现目标去克服学习困难，增强学习效能感，树立学习自信心。

在问题行为干预方面，家庭环境和学校内外环境是非常重要的影响因素。一位流动儿童学校的老师在访谈中曾经提到过打工子弟学校的校园安全问题："我们这种学校经常有一些不良青少年等在门口，看到不顺眼的同学就打，或者说他家曾经有亲戚在这里读书，那么比如说，他的亲戚读六年级，受了七年级同学的欺负，跑回家去告状，第二天就有人帮这位受欺负的同学'出头'，有这种情况。"流动儿童长期在如此的校园环境中生活和学习，耳濡目染，很快就会形成一些不良的行为习惯，导致问题行为逐渐增多。因此，学校和所在社区应积极营造安全的校园内外氛围，杜绝不良的社会风气影响校园。对于流动儿童已有的问题行为，学校应通过思想品德教育、行为习惯指导、团体心理辅导和小组社会工作等方式进行长期干预。

此外，学校还应鉴别出行为适应状况较差的流动儿童，联合家庭、社区、志愿者或心理咨询机构对其开展个体辅导和行为干预。

（三）家庭教育辅导

流动儿童行为习惯和行为适应与家庭教育存在密切的关系。不良的父母教养方式或家庭氛围可强化流动儿童的问题行为，如采取打骂、训斥等简单粗暴的教育方式会使流动儿童的攻击性和攻击行为进一步得以加强；而消极的父母期望可以降低流动儿童学习适应状况，如部分流动儿童父母对子女的学习要求和期望不高，甚至觉得孩子小学或初中毕业即可，这种消极的父母期望会严重打击流动儿童的学习积极性和学习动机，导致他们失去学习目标和学习兴趣。一位在打工子弟学校就读的初一年级的流动儿童小焦被问到对未来的学习和生活有什么打算时说："我妈叫我好好学电脑，让我去那些大公司里面打工。"一位打工子弟学校的教师在访谈时谈道："流动人口，它有一个特点就是可能父母不是当地的，为了谋生计，很多父母是外来务工的，或者说是做生意的，或者待在家里没有工作，他们不是很关心自己的孩子，不像当地的居民户一样，回家后要管孩子的作业或其他方面的事情。有些父母甚至认为把孩子放到学校里来，就是老师的事情，不是父母的事情，有人看着就行了，或者只要不出去惹事就行。生活在这种环境中的大多数学生，他们的学习习惯不是很好，主要是家长疏于监督，小学也是在非正式小学，也就是私立的小学读书，老师的要求也不是那么高，所以说他们的很多行为习惯、学习习惯等都比较差。"因此，流动儿童学习适应和问题行为的干预不能缺少来自家庭的关爱和教育。一方面，通过政府、学校、社区和社会力量的投入，帮助流动儿童父母改善不良的教养方式，尤其是父母的批评、拒绝和惩罚等方式，培养父母情感温暖和关爱的教养方式，树立关心孩子学习、督促孩子学习、鼓励孩子进步的意识，让流动儿童体验到更多的主观支持；另一方面，协助流动儿童父母加强家庭与学校之间的沟通，及时了解孩子在校期间的情况，也让学校老师了解孩子的家庭生活状况，增强双方的沟通与合作，及时处理解决孩子的各种问题。

第八章 城市流动儿童心理健康及其影响因素研究

一、流动儿童心理健康研究概述

随着流动儿童问题成为我国社会的热点问题，流动儿童的心理健康问题更是受到广泛关注，国内外研究者分别从教育学、心理学和社会学的视角开展了相关研究，并积累了较为丰富的研究文献。通过对已有文献的梳理，我们发现，流动儿童心理健康的研究主要集中在歧视知觉、抑郁感、孤独感、自卑感、焦虑感和整体心理健康状况等几个方面。

在受歧视状况和歧视知觉问题上，张秋凌、屈志勇和邹泓（2003）在对北京、深圳、绍兴、咸阳四城市流动儿童的访谈中发现，儿童感受最强烈的是同伴交往中的歧视现象，有儿童这样描述自己的遭遇"他们有时瞧不起我们，给我们白眼，不和我们玩"；"他们看我们没有他们穿得好，他们住楼房我们住平房，他们能看出来我们是外地的，所以他们不和我们玩"[①]。雷有光（2004）针对北京市流动儿童的调查结果表明，高达 75.7%的流动儿童在日常生活中感到被嘲笑和讽刺，其原因依次是"我是外地人（67.3%）""知识太少（39.3%）"和"我家太穷（32%）"。蔺秀云、方晓义和刘杨等人（2009）以北京市流动儿童为被试的研究表明，流动儿童所感受到的社会歧视在学校类型、流动性上存在显著性差异，其中打工子弟学校流动儿童的得分显著高于公立学校流动儿童，流动性高的儿童得分显著

[①] 张秋凌，屈志勇，邹泓：《流动儿童发展状况调查—对北京、深圳、绍兴、咸阳四城市的访谈报告》，《青年研究》，2003（9）：11-17 页。

高于流动性低的儿童，但性别差异不显著。由此可见，流动儿童所感受到的歧视知觉相对较多，而歧视知觉对儿童的心理健康又有着明显不利的影响，如 Nyborg（2003）对黑人儿童的研究发现，歧视与其抑郁、心理烦恼、心理无助感和低自尊等存在显著性正相关；同时，歧视知觉也会显著影响流动儿童的个体幸福感和群体幸福感（邢淑芬、刘霞和赵景欣等，2011；刘霞、赵景欣和申继亮，2013），造成其主观幸福感下降（刘霞，2013）。但随着时间的增加，流动儿童的歧视知觉会显著下降（王芳、师保国，2014）。

在抑郁研究方面，周皓（2008），蔺秀云、方晓义和刘杨等人（2009）的研究结果均表明，打工子弟学校流动儿童的抑郁感最强，其次是公立学校的流动儿童，抑郁感最低的是本地常住儿童，三类儿童的抑郁感得分存在显著性差异；且在持续三轮的纵向调查中，打工子弟学校流动儿童的抑郁感状况并没有得到明显的改善，相对本地儿童和公立学校流动儿童而言更为严重（周皓，2010）。此外，彭颂、卢宁（2006）和卫利珍（2011）针对深圳市、厦门市的调查结果也发现，流动儿童的抑郁水平显著高于非流动儿童。尹星、刘正奎（2013）的研究发现，12 岁以后，流动儿童的抑郁症状随着年龄的增加而呈加重趋势；流动时年龄越大、父母关系越差、社会支持越低，越容易发生抑郁。

在孤独感问题上，多数研究发现流动儿童的孤独感较高。例如，周皓（2008），蔺秀云、方晓义和刘杨等人（2009）的研究发现，打工子弟学校流动儿童的孤独感显著高于公立学校流动儿童和本地儿童，刘莴斐等人（2010）的研究表明，流动儿童的孤独感显著高于非流动儿童，且流动儿童和非流动儿童孤独感的检出率存在显著性差异（胡慧，2012）。但也有部分研究，如彭颂、卢宁（2006）认为流动儿童与非流动儿童的孤独感并无显著差异。在孤独感的发展趋势上，有研究认为流动儿童的孤独感会随着进入城市时间的增长而逐渐减低（侯舒艨、袁晓娇和刘杨等，2011）。

在自卑和焦虑问题上，郭良春、姚远和杨变云（2005）在访谈中发现，流动儿童的内心有较为严重的自卑、敏感和不自信。李小青、邹泓和王瑞敏等人（2008）的调查发现，北京市流动儿童的自尊水平显著低于城市儿童，两类儿童在高分组和低分组所占比例分别为 39.8%、60.2% 和 92.7%、7.3%，差异显著。还有研究发现，流动儿童的自责倾向问题检出率高达 21.7%，而本地儿童这一比率仅为 7.8%（刘正荣，2006）。自卑感较强容易引发儿童的焦虑，胡宁、方晓义和蔺秀云（2009）的研究表明，流动儿童的社交焦虑显著高于本地儿童和农村儿童，流动性高的儿童显著高于流动性低的儿童。除对人的焦虑较高之外，流动儿童对学习的焦虑也明显高出本地儿童（刘正荣，2006）。

不少研究从整体上考察流动儿童的心理健康状况，并得出流动儿童普遍存在心理健康问题的结论。白春玉、张迪和顾国家等人（2012）的研究发现，流动儿童心理健康问题以学习焦虑最为常见，其余依次为自责倾向、身体症状、过敏倾向、对人焦虑、恐怖倾向、冲动倾向和孤独倾向。总体来说，流动儿童的心理症状检出率显著高于一般儿童（胡韬、郭成和刘敏，2013），打工子弟学校流动儿童的检出率显著高于公立学校流动儿童（袁立新、张积家和苏小兰，2009）。

在流动儿童心理健康的影响因素方面，研究者主要从人口统计学变量、人格特点、家庭、学校、迁移经历等几个方面进行分析。

在人口统计学变量上，流动儿童心理健康在性别、年级、独生性质等变量上的研究结论并不一致。如尹星、刘正奎（2013）的研究认为，男生的抑郁水平显著高于女生；蔺秀云、方晓义和刘杨（2009）的研究认为，男女两性在抑郁水平上不存在显著差异，但在孤独感、社会焦虑上存在显著差异；单丹丹（2011）的研究则认为，流动儿童心理健康状况在性别上没有显著性差异。周皓（2008）的研究表明，独生子女的心理健康状况优于非独生子女，而胡韬、郭成和刘敏（2013）的研究则发现，独生子女与非独生子女的心理健康状况的差异并不显著。之所以出现研究结果不一致的原因，可能是由于上述研究中调查工具、调查对象和所在城市的差异而造成的。

人格是个体相对稳定的内部因素，李承宗和周娓娓（2011）的研究指出，流动儿童的人格特征能够很好地预测心理健康的水平，是影响心理健康水平的重要因素。王瑞敏、邹泓（2008）的研究表明，流动儿童的人格五因素（外向性、宜人性、情绪性、谨慎性和开放性）对其主观幸福感起着主要的影响作用。

家庭是影响流动儿童心理健康的重要因素，研究者主要从家庭环境、家庭教育、家庭经济等角度考察其影响作用。侯娟、邹泓和李晓巍（2009）的研究表明，流动儿童的家庭经济状况和家庭功能均显著差于儿童，父母的职业类型、家庭生活指数、家庭社区环境可以显著预测流动儿童的家庭和环境满意度。申继亮、胡心怡和刘霞（2007）的研究结果发现，流动儿童的家庭经济资本、人力资本和家庭内社会资本低于城市儿童，家庭的经济资本越高，流动儿童整体自尊水平就越高。

父母教养方式是影响流动儿童心理健康最为重要的家庭因素之一。流动儿童父母普遍文化程度较低，平时工作强度较高，对孩子投入的精力相对较少，平时缺乏有效的情感沟通，有时甚至采用简单粗暴的教育方式对待孩子，因而对流动儿童的心理健康会产生不良的影响。例如，曹薇和罗杰（2013）的研究就发现，父母教养方式与流动儿童心理健康状况之间有着非常密切的关系。陈丽和刘艳（2012）的研究也表明，亲子沟通对于流动儿童的主观幸福感、自尊和问题行为有显著的预测作用，良好的亲子沟通可以促进流动儿童心理健康，减少问题行为。

在学校因素上，多数研究均认为公立学校或混合入校的流动儿童，其心理健康状况优于打工子弟学校的流动儿童，因而比较支持流动儿童进入公立学校读书（混合入校）的观点。研究者通常做出如下归因：公立学校拥有一些打工子弟学校所无法相比的优质教育资源、先进的教学设备和良好的学校氛围。但有少数研究的结论正好相反，如周皓（2006）的研究认为，由于打工子弟学校中的学生孤独感最低，因此，流动儿童应当倾向于选择打工子弟学校，而不是选择公立学校。邱达明、曹东云和杨慧文（2008）的研究也得出了相似的结论。

　　流动儿童在城市的迁移经历是否对流动儿童的心理健康产生消极影响，目前尚无明确结论。有研究认为，由于原有社会关系的断裂、社会适应的原因，流动经历会导致流动儿童出现心理健康问题（Munroe-Blum H，1989）；也有研究认为，流动经历扩展了儿童的视野，使流动儿童接受了新的文化氛围和价值观念，反而促进流动儿童的心理健康的发展（Stillman S，2009）；另有研究也认为，流动经历对儿童的心理健康没有明显的作用，没有足够的证据证明迁移会造成心理健康产生风险（Gonneke W. J. M. Stevens，2008）。周皓（2012）的研究认为，人口迁移对流动儿童的心理健康具有异质性影响，这种影响与迁入地城市的社会环境（如就读学校性质）有关。

　　纵观已有研究，虽然有关流动儿童心理健康的研究成果较多，但研究者多采用不同的研究工具，导致研究结论不一；横断研究较多，而纵向研究较少；单个群体或跨城市的研究较多，而跨群体或跨城市的研究较少；调查现状和因果研究较多，而探讨作用机制的研究较少，缺乏更多的整合性研究。就流动儿童心理健康研究本身而言，目前还处于起始阶段，主要任务是寻找直接或间接因果关系的影响变量，下一阶段的主要任务则是阐明心理健康的内在机制，构建理论模型和作用机制模型。因此，我们预测，未来有关流动儿童心理健康研究的重点和热点将是对特定领域（如孤独感、焦虑、抑郁等）的理论模型和作用机制模型的构建，我们也期待这一领域的成果越来越多。

　　本研究拟以广州、贵阳两地的流动儿童为对象，以抑郁和孤独感两种指标考察两地流动儿童的心理健康状况，对比分析跨群体之间的心理健康状况，在现状调查的基础上，探讨家庭因素（父母教养方式）、社会因素（社会支持）、人格因素（核心自我评价）和积极心理品质（心理韧性）对于流动儿童心理健康影响的内在作用机制。

　　本研究分别采用儿童抑郁量表（CDI）、儿童孤独量表（CLS）作为抑郁和孤独的测量工具。CDI共27个项目，0，1，2三级评分，得分越高，代表儿童的抑郁程度越高，根据量表常模，将CDI评分在19分及以上者界定为有抑郁症状。CLS共24个项目，其中16个项目用于评定儿童的独孤感，采用5级评分，得分越高，代表儿童的孤独程度越高，将 CLS 评分在中位数 48 以上的儿童定为有孤独症状。[①]被试情况见第二章内容所示。

二、研究结果与分析

（一）流动儿童抑郁、孤独感的总体状况

对流动儿童抑郁、孤独感的得分情况进行描述性统计分析，具体结果如表 8-1 所示。

表 8-1　流动儿童抑郁、孤独感得分的描述性统计分析

变量	n	最低分	最高分	平均数	标准差	检出率
抑郁	726	0	34	12.63	6.84	19.97%
孤独感	741	16	72	30.46	9.75	5.67%

儿童抑郁量表（CDI）的理论得分范围为 0～54 分，临界分数为 19 分；儿童孤独量表（CLS）的理论得分范围为 16～80 分，中位数为 48 分。从得分情况直接来看，流动儿童的抑郁、孤独感得分的平均数远低于临界分数或中位数。平均数只能表明流动儿童抑郁、孤独的总体水平，为进一步分析流动儿童抑郁症状、孤独症状的检出率，我们按照临界分数分别计算了流动儿童抑郁症状、孤独症状的检出率。结果发现，流动儿童抑郁症状的总检出率为 19.97%，孤独症状的总检出率为 5.67%。结果表明，流动儿童孤独症状的检出率相对较低，出现孤独症状的流动儿童约占总体的 1/20，但流动儿童抑郁症状的检出率却相对较高，检出比率已经接近 20%，也就是说，在被调查的流动儿童群体中，接近 1/5 的流动儿童出现程度不同的抑郁症状，这种情况应当引起教育行政部门足够的重视。

（二）两类流动儿童、本地儿童的抑郁、孤独感差异

本研究采用单因素方差分析探讨打工子弟学校流动儿童、公立学

---

① 高金金，陈毅文：《儿童孤独量表在 1～2 年级小学生中的应用》，《中国心理卫生杂志》，2011，25（5）：361-364 页。

校流动儿童和本地儿童是否在抑郁、孤独感的得分上存在显著性差异，同时采用 χ^2 检验探讨打工子弟学校流动儿童、公立学校流动儿童和本地儿童是否在抑郁症状、孤独症状的检出率上存在显著性差异。

1. 两类流动儿童、本地儿童的抑郁得分差异

如表 8-2 所示，不同教育安置方式的两类流动儿童、本地儿童在抑郁得分上存在显著性差异（$F = 4.27$，$P = 0.014$），从抑郁得分的碎石图（见图 8-1）来看，打工子弟学校流动儿童的抑郁得分最高，公立学校流动儿童的抑郁得分居中，公立学校本地儿童的抑郁得分最低。

表 8-2　两类流动儿童、本地儿童抑郁得分单因素方差分析

儿童类别	平均数	标准差	F 值	P 值
打工子弟学校 流动儿童 ①	12.83	6.93		
公立学校 流动儿童 ②	12.22	6.64	4.27	0.014
公立学校 本地儿童 ③	11.02	6.95		
LSD 事后多重比较	① > ③			

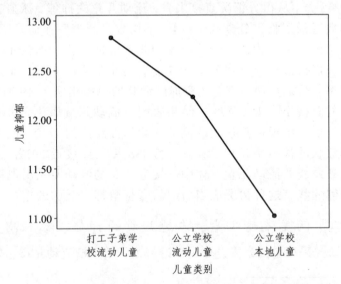

图 8-1　两类流动儿童、本地儿童抑郁得分碎石图

进一步采用LSD法（最小显著差异法）进行事后多重比较，结果发现，打工子弟学校流动儿童的抑郁得分显著高于本地儿童的抑郁得分（平均数差异 = 1.81，$P = 0.004$），但与公立学校流动儿童的抑郁得分差异并不显著（平均数差异 = 0.61，$P = 0.260$），公立学校流动儿童与本地儿童的抑郁得分差异边缘显著（平均数差异 = 1.20，$P = 0.086$）。

结果表明，打工子弟学校流动儿童的抑郁状况最为严重，公立学校流动儿童次之，本地儿童的情况最好，这与已有研究结果比较一致。结果提示，教育安置方式对流动儿童的心理健康水平存在一定的影响，公立学校的教育安置方式明显优于打工子弟学校。本研究结论再次支持了流动儿童在公立学校就读或混合入校的观点。

2. 两类流动儿童、本地儿童的抑郁症状检出率差异

进一步对两类流动儿童、本地儿童的抑郁症状检出率进行 χ^2 检验，结果如表8-3所示。

表8-3　两类流动儿童、本地儿童抑郁症状检出率 χ^2 检验

儿童类别	检出人数	检出人数/总人数	χ^2值	P值
打工子弟学校 流动儿童	106	21.81%		
公立学校 流动儿童	39	16.25%	6.68	0.035
公立学校 本地儿童	22	13.66%		

结果表明，打工子弟学校流动儿童的抑郁症状检出率最高（21.81%），公立学校流动儿童的抑郁症状检出率居中（16.25%），本地儿童的抑郁症状检出率最低（13.66%），三类儿童在抑郁症状检出率上存在显著性差异（$\chi^2 = 6.68$，$P = 0.035$）。

3. 两类流动儿童、本地儿童的孤独感得分差异

如表8-4所示，不同教育安置方式的两类流动儿童、本地儿童的独孤感得分差异边缘显著（$F = 2.80$，$P = 0.062$），未达到0.05的显著性水平。但从孤独感得分的碎石图（见图8-2）可以看出，打

工子弟学校流动儿童的孤独感得分最高，公立学校流动儿童的孤独感得分居中，公立学校本地儿童的独孤感得分最低。

表 8-4　两类流动儿童、本地儿童孤独感得分单因素方差分析

儿童类别	平均数	标准差	F 值	P 值
打工子弟学校　流动儿童	30.70	9.66		
公立学校　流动儿童	29.98	9.93	2.80	0.062
公立学校　本地儿童	28.61	10.19		

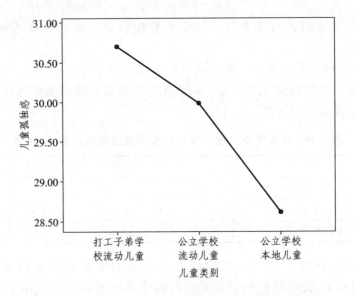

图 8-2　两类流动儿童、本地儿童孤独感得分碎石图

从结果来看，虽然三类儿童的孤独感得分存在一定的差异，但这种差异并未达到 0.05 的显著性水平。也就是说，不同教育安置方式的两类流动儿童、本地儿童之间的孤独感体验并不存在显著性差异。

4. 两类流动儿童、本地儿童的孤独症状检出率差异

我们进一步对两类流动儿童、本地儿童的抑郁症状检出率进行 χ^2 检验,结果如表 8-5 所示。

结果表明,公立学校流动儿童的孤独症状检出率最高(6.02%),本地儿童的孤独症状检出率居中(5.55%),打工子弟学校流动儿童的孤独症状检出率最低(5.49%),但在孤独症状的检出率上,不同教育安置方式的两类流动儿童、本地儿童之间并无显著性差异(χ^2 = 0.09,$P = 0.955$)。

表 8-5 两类流动儿童、本地儿童孤独症状检出率 χ^2 检验

儿童类别	检出人数	检出人数/总人数	χ^2 值	P 值
打工子弟学校 流动儿童	27	5.49%		
公立学校 流动儿童	15	6.02%	0.09	0.955
公立学校 本地儿童	9	5.55%		

从上述结果可以看出,流动儿童的心理健康问题主要表现在抑郁方面,情绪低落、兴趣降低、信心缺乏等症状是流动儿童的主要问题,相关部门应予以关注和辅导。

(三)流动儿童抑郁、孤独感的性别差异

对不同性别的流动儿童抑郁、孤独感得分进行独立样本 t 检验,结果如表 8-6 所示。

表 8-6 不同性别的流动儿童心理韧性得分独立样本 t 检验

变量	性别	n	平均数	标准差	t 值	P 值
抑郁	男	400	13.23	6.75	2.66	0.008
	女	297	11.84	6.96		
孤独感	男	402	30.91	9.65	1.74	0.082
	女	307	29.62	9.98		

从表 8-6 可以看出,不同性别的流动儿童在抑郁得分上存在

显著性差异（ $t = 2.66$ ， $P = 0.008$ ），流动男童抑郁得分显著高于流动女童；在孤独感得分上的差异边缘显著（ $t = 1.74$ ， $P = 0.082$ ），流动男童孤独感得分高于流动女童，但差异未达到 0.05 的显著性水平。为进一步检验不同性别的流动儿童在抑郁症状、孤独症状上是否存在显著性差异，我们使用 χ^2 检验进行分析。结果如表 8-7 所示。

表 8-7 的结果显示，流动男童与流动女童的抑郁症状检出率、孤独症状检出率均不存在显著性差异，也就是说，性别对于抑郁症状、孤独症状的检出率影响并不明显。

表 8-7　不同性别的流动儿童抑郁、孤独症状检出率 χ^2 检验

变量	性别	n	检出人数	检出人数/总人数	χ^2 值	P 值
抑郁	男	400	87	21.75%	1.921	0.166
	女	297	52	17.51%		
孤独感	男	402	23	5.72%	0.006	0.936
	女	307	18	5.86%		

综上可以看出，流动男童和流动女童的抑郁得分差异显著，男孩高于女孩，但抑郁症状检出率差异却并不显著；流动男童和流动女童的孤独感得分、孤独症状的检出率差异均不显著。在儿童抑郁、孤独感问题上，国内有关性别差异的研究，不论是得分还是检出率，结论不尽一致。有研究表明抑郁、孤独感不存在显著的性别差异，也有研究指出男孩抑郁、孤独感得分、检出率高于女孩，也有女孩高于男孩的结论。这种结果表明，儿童抑郁、孤独的性别差异表现并不稳定，表现和诊断比较复杂。

流动男童的抑郁得分显著高于流动女童，这可能与不同性别的个体情感宣泄的方式有一定关系。女孩在生活中更注重亲密性关系，容易找到适当的宣泄方式和途径，而男孩则更加注重独立性关系，有时甚至会压抑负性情绪，从而导致抑郁水平较高。

（四）流动儿童抑郁、孤独感的年级差异

如表 8-8 所示，单因素方差分析结果表明，不同年级的流动儿童在抑郁得分（$F = 3.79$，$P = 0.023$）上存在显著性差异，在孤独感得分（$F = 1.41$，$P = 0.244$）上不存在显著性差异。不同年级流动儿童的抑郁得分情况如图 8-3 所示。

表 8-8　不同年级的流动儿童抑郁、孤独感得分单因素方差分析

变 量	年级	n	平均数	标准差	F 值	P 值	LSD 比较
抑郁	六年级　①	309	11.86	7.24	3.79	0.023	② > ①
	初一　②	184	13.52	6.68			
	初二　③	233	12.94	6.32			
孤独感	六年级	318	29.77	9.41	1.41	0.244	
	初 一	191	30.98	9.62			
	初 二	232	30.99	10.29			

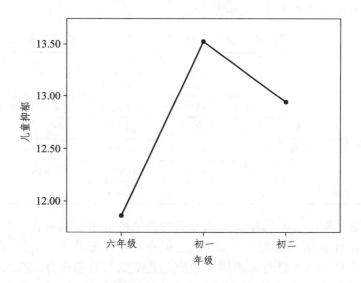

图 8-3　不同年级流动儿童抑郁得分碎石图

进一步对不同的年级流动儿童的抑郁得分进行 LSD 多重比较分析，结果发现，初一年级流动儿童的抑郁得分显著高于六年级流动儿童（平均数差异 = 1.66，$P = 0.009$），初二年级流动儿童与六年级流动儿童的抑郁得分差异边缘显著（平均数差异 = 1.08，$P = 0.067$），初一年级和初二年级的抑郁得分差异不显著（平均数差异 = 0.58，$P = 0.390$）。

由于不同年级的流动儿童在孤独感得分上差异不显著，因此不再进行多重比较。但从孤独感的得分趋势上来看，小学六年级流动儿童的孤独感得分较低，而初一年级和初二年级的孤独感较高。

此外，年级、性别在抑郁、孤独感得分上的交互作用均不显著（$P > 0.05$）。

接下来，我们进一步采用 χ^2 检验分析不同年级的流动儿童在抑郁症状、孤独症状上是否存在显著性差异。结果如表 8-9 所示。从抑郁症状、孤独症状的检出率上来看，虽然初一年级、初二年级的检出率均相对较高，小学六年级的检出率相对较低，但这种差异并未达到显著性水平（$P > 0.05$）。

表 8-9　不同年级的流动儿童抑郁、孤独症状检出率 χ^2 检验

变量	年级	n	检出人数	检出人数/总人数	χ^2值	P 值
抑郁	六年级	309	56	18.12%	1.605	0.448
	初一	184	42	22.83%		
	初二	233	47	20.17%		
孤独感	六年级	318	15	4.72%	1.059	0.589
	初一	191	13	6.81%		
	初二	232	14	6.03%		

综上所述，不同年级流动儿童的抑郁得分差异显著，六年级学生得分明显低于初中一、二年级，但不同年级流动儿童的抑郁症状检出率差异并不显著；不同年级流动儿童的孤独感得分、孤独症状的检出率差异均不显著。

流动儿童抑郁得分的年级差异可能是由于年龄的原因和环境适应的原因所造成的。国内同类研究发现，"随着儿童年龄的增长和年级的增高，儿童青少年的抑郁水平呈现增高的趋势，初中生和高中生的抑郁无显著性差异，但均高于小学生的抑郁水平"[1]。同时，流动儿童进入初中以后，学校环境比较陌生，"流动身份"的意识不断增强，城市疏离感明显，导致初中流动儿童的抑郁水平较高。

（五）流动儿童抑郁、孤独感的流动时间差异

单因素方差分析的结果显示（见表 8-10），不同流动时间的流动儿童在孤独感得分上（$F = 4.11$，$P = 0.007$）上存在显著性差异，在抑郁得分（$F = 1.92$，$P = 0.125$）上不存在显著性差异。进一步采用 LSD 法对不同流动时间的流动儿童孤独感得分进行事后多重比较，结果如表 8-11 所示。

表 8-10　不同流动时间的流动儿童抑郁、孤独感得分单因素方差分析

变　量	流动时间	n	平均数	标准差	F 值	P 值
抑郁	不到一年	57	13.11	7.33	1.92	0.125
	一年至三年	79	14.06	6.72		
	三年以上	358	12.14	6.68		
	从小就在城市	230	12.81	6.98		
孤独感	不到一年	62	33.53	10.41	4.11	0.007
	一年至三年	81	32.44	10.44		
	三年以上	369	29.64	9.06		
	从小就在城市	227	30.27	10.22		

[1] 刘凤瑜：《儿童抑郁量表的结构及儿童青少年抑郁发展的特点》，《心理发展与教育》，1997，13（2）：57-61 页。

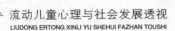

表 8-11　流动儿童孤独感得分在流动时间不同水平上的 LSD 事后多重比较

流动时间（Ⅰ）	流动时间（J）	均值差 （Ⅰ－J）	标准误差	P 值
不到一年	一年至三年	1.09	1.64	0.507
	三年以上	3.89	1.33	0.004
	从小就在城市	3.26	1.39	0.019
一年至三年	三年以上	2.80	1.19	0.019
	从小就在城市	2.17	1.26	0.084
三年以上	从小就在城市	－ 0.63	0.82	0.439

不同流动时间的流动儿童在抑郁得分上的差异并不显著，结果表明，流动儿童在城市流动时间的长短对其抑郁状况的影响并不大。

不同流动时间的流动儿童在孤独感得分上的差异非常显著，从得分趋势上来看，流动时间不到一年的流动儿童孤独感得分较高，一年至三年的流动儿童得分次之，流动时间在三年以上和从小就在城市的流动儿童较低。

事后多重比较的结果显示，流动时间不到一年的流动儿童孤独感得分显著高于流动时间在三年以上和从小就在城市的流动儿童（$P < 0.05$）；流动时间在一年至三年之间的流动儿童孤独感得分显著高于流动时间在三年以上的流动儿童（$P < 0.05$），边缘显著高于从小就在城市的流动儿童（$P = 0.084$）。结果显示，进入城市流动时间的长短对流动儿童的孤独感影响作用较大。刚刚进入城市不久的流动儿童，周围环境对其而言都是非常陌生的，社会支持体系也尚未建立，父母又整天忙于工作，这一阶段的伙伴、朋友较少，比较缺乏情感交流和社交活动，因而孤独感体验较为强烈。结果提示，对进入城市不久的流动儿童，要加强关爱和辅导，引导他们多交朋友，帮助他们尽快融入城市生活，减少孤独感体验。

（六）流动儿童抑郁、孤独感的独生性质差异

对独生与非独生流动儿童的抑郁、孤独感得分进行独立样本 t 检验，结果发现，独生与非独生的流动儿童在抑郁（$t = 0.17$，$P =$

0.864 ）、孤独感（ $t = -0.92$ ， $P = 0.359$ ）上的差异均不显著，具体结果如表 8-12 所示。

表 8-12　独生与非独生流动儿童抑郁、孤独感得分独立样本 t 检验

变量	独生性质	n	平均数	标准差	t 值	P 值
抑郁	独生	103	12.72	6.98	0.17	0.864
	非独生	620	12.59	6.82		
孤独感	独生	106	29.65	10.06	-0.92	0.359
	非独生	634	30.59	9.71		

独生与非独生流动儿童的抑郁、孤独感得分差异并不显著，这与国内多数独生子女问题研究的结果比较一致。传统上，人们对于独生子女的刻板印象是适应能力较差，容易出现以自我为中心、适应不良、固执等问题，加之独生家庭中只有一个孩子，因而认为独生子女比较容易出现孤独感及其他心理健康问题。但越来越多的研究发现，独生子女与非独生子女在很多方面并无显著差异，"独生子女也并非像某些人忧虑的那样，是问题儿童"[①]。从本研究的结果来看，我们不必对独生流动子女的心理健康过分担忧。

（七）流动儿童抑郁、孤独感的城市差异

采用独立样本 t 检验对广州和贵阳地区流动儿童的抑郁、孤独感得分进行分析，具体结果如表 8-13 所示。

表 8-13　不同城市的流动儿童抑郁、孤独感得分独立样本 t 检验

变量	城市	n	平均数	标准差	t 值	P 值
抑郁	广州	270	12.81	7.03	0.56	0.575
	贵阳	456	12.52	6.73		
孤独感	广州	277	29.10	9.43	-2.94	0.003
	贵阳	464	31.27	9.86		

① 宫志宏：《独生子女问题研究的现状与进展》，《中国学校卫生》，2000，21（6）：520-521 页。

从表 8-13 可以看出，生活在不同城市环境中的流动儿童，在孤独感得分（$t = -2.94$，$P = 0.003$）上存在显著性差异，贵阳地区流动儿童的孤独感体验显著高于广州地区的流动儿童；两地流动儿童的抑郁得分（$t = 0.56$，$P = 0.575$）差异并不显著。

两地流动儿童的孤独感体验差异显著，其原因可能在于，个体的孤独感体验受人际关系和社会支持的影响较大，而两地流动儿童的社会支持状况存在一定的差异，从而导致了这种结果。

两地流动儿童在抑郁体验上不存在显著差异，其原因可能在于，儿童青少年期是抑郁发展的关键阶段，受人际关系和社会支持的影响相对较小，而更多取决于流动儿童性别、年龄等因素以及应对抑郁的积极心理品质。结果表明，流动儿童抑郁受所在城市环境的影响不大。

（八）不同年龄流动儿童的抑郁、孤独感差异

本研究中，流动儿童年龄范围从 10 岁至 15 岁，平均年龄 12.62 ± 1.09 岁。对不同年龄阶段流动儿童进行频次分析，结果发现，10 岁组流动儿童人数很少，只有 9 人，不便于直接进行方差分析，因而不再将 10 岁组流动儿童纳入分析的范围，只针对 11 岁组至 15 岁组流动儿童的抑郁、孤独感得分差异进行单因素方差分析，结果见表 8-14。

表 8-14　不同年龄组流动儿童抑郁、孤独感得分单因素方差分析

变量	年龄（岁）	n	平均数	标准差	t 值	P 值
抑郁	11	105	10.44	6.04	3.51	0.008
	12	216	12.53	7.16		
	13	243	13.21	6.96		
	14	110	13.31	6.46		
	15	31	13.13	6.28		
孤独感	11	106	27.06	8.16	4.38	0.002
	12	227	30.15	9.65		
	13	239	31.55	9.89		
	14	111	31.38	10.21		
	15	36	30.78	10.09		

从表 8-14 可以看出，不同年龄组的流动儿童在抑郁（$F = 3.51$，

$P = 0.008$)、孤独感($F = 4.38$，$P = 0.002$)得分上均存在显著性差异。

从不同年龄组流动儿童抑郁得分碎石图来看（见图 8-4），11 岁组得分最低，从 12 岁组开始快速增长，在 13～14 岁组达到顶峰，15 岁组又有所下降。从整体上来看，流动儿童的抑郁得分随年龄的增长而呈现"抛物线"形的发展趋势。对不同年龄组流动儿童的抑郁得分进行 LSD 事后多重比较，结果发现，只有 11 岁组流动儿童与其他年龄组均存在显著性差异（$P < 0.05$），而其他各年龄组之间的差异均不显著（$P > 0.05$）。

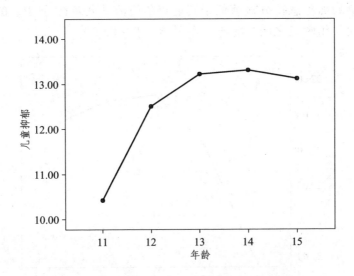

图 8-4　不同年龄组流动儿童抑郁得分碎石图

这一结果与 Twenge 等人（2002）的元分析结果比较相似，即"儿童在 12 岁之前的抑郁状况比较稳定，之后会快速增长，在 15～16 岁达到高峰"[1]；与尹星、刘正奎（2013）关于流动儿童抑郁症状的学校横断面研究结果也比较一致，他们的研究结论认为，"流动

---

[1] Twenge, J M, Nolen-Hoeksema S. *"Age, gender, race, socioeconomic status, and birth cohort difference on the children's depression inventory: A meta-analysis." Journal of Abnormal Psychology*, 2002, 111(4): pp578-588.

儿童在 12 岁以后，抑郁症状随着年龄的增加而呈现出加重趋势"[1]。流动儿童抑郁的发展趋势可能与一般儿童比较相似，均具有特定的年龄发展规律和特点。

从不同年龄组流动儿童独孤感得分趋势上来看（见图 8-5），11 岁组得分最低，从 12 岁组开始迅速增长，在 13 岁组达到顶峰，14～15 岁组又呈现下降趋势。与流动儿童抑郁得分的发展趋势比较相似，均呈现出"抛物线"形的整体趋势。进一步对不同年龄组流动儿童的孤独感得分进行 LSD 事后多重比较，结果发现，11 岁组流动儿童的孤独感得分显著低于其他年龄组流动儿童得分（ $P < 0.05$ ），而其他各年龄组之间的差异均不显著（ $P > 0.05$ ）。

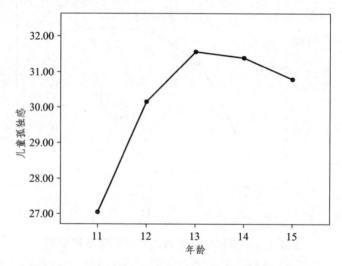

图 8-5　不同年龄组流动儿童孤独感得分碎石图

有研究表明，"小学 2 年级至 5 年级之间儿童的孤独感水平呈下降趋势，但随后又将明显上升"[2]。此外，Koenig 和 Abrams（1999）

① 尹星，刘正奎：《流动儿童抑郁症状的学校横断面研究》，《中国心理卫生杂志》，2013，27（11）：864-867 页。
② 刘俊升，周颖，李丹：《童年中晚期孤独感的发展轨迹：一项潜变量增长模型分析》，《心理学报》，2013，45（2）：179-192 页。

在总结已有研究的基础上也曾指出，"个体的孤独感在 10~17 岁有一个明显的上升趋势"①。本研究关于流动儿童孤独感的结论与上述研究的观点比较一致。

社会需要理论的观点认为，个体的孤独感来源于其社会需求（如自尊的需要等）没有得到满足。随着流动儿童年龄不断增长，逐渐步入青春期，他们会对自己与他人的关系进行更多的自我反思，自我意识和自我概念发展较快，容易将自己与他人独立开来，比较在意自己的"流动身份"，以及在群体中受欢迎的程度和在群体中的社会地位与威望。一旦这种社会需求得不到很好的满足，流动儿童就会产生较高的孤独感。

（九）流动儿童抑郁、孤独感与父母教养方式、社会支持、人格和心理韧性的关系

为考察流动儿童抑郁、孤独感与父母教养方式、社会支持等环境因素以及与流动儿童自身人格、心理韧性等个体因素的关系，我们使用皮尔逊积差相关探讨流动儿童抑郁、孤独感得分与父母教养方式、社会支持总分和三个维度（主观支持、客观支持、对支持利用度）得分、核心自我评价得分、心理韧性总分和三个维度（目标专注、情绪控制、积极认知）得分的相关情况。具体结果如表 8-15 所示。

从表 8-15 相关分析的结果来看，流动儿童抑郁与父母拒绝、父母过度保护呈显著性正相关（$P < 0.01$），相关系数从 0.25~0.43；与父母情感温暖、社会支持总分、主观支持、客观支持、支持利用度、核心自我评价、心理韧性总分、目标专注、情绪控制和积极认知均呈显著性负相关（$P < 0.01$），相关系数从 -0.15~-0.55。其中，流动儿童抑郁与社会支持总分、核心自我评价、心理韧性总分、情

---

① Koenig L J, Abrams R F. *Adolescent loneliness and adjustment: A focus on gender differences.* In Rotenberg K J, Hymel S (Eds), *Loneliness in childhood and adolescence*, New York: Cambridge University Press. 1999: pp296-322.

绪控制的关系非常密切，相关系数均在 0.50 以上。

表 8-15　流动儿童抑郁、孤独感与父母教养方式、社会支持、
人格和心理韧性相关（ *r* ）

变　量	抑　郁	孤独感
父亲拒绝维度	0.42**	0.28**
父亲情感温暖	− 0.44**	− 0.44**
父亲过度保护	0.21**	0.11**
母亲拒绝维度	0.43**	0.25**
母亲情感温暖	− 0.46**	− 0.42**
母亲过度保护	0.25**	0.11**
社会支持总分	− 0.50**	− 0.51**
主观支持维度	− 0.47**	− 0.47**
客观支持维度	− 0.30**	− 0.33**
对支持利用度	− 0.40**	− 0.39**
核心自我评价	− 0.55**	− 0.46**
心理韧性总分	− 0.52**	− 0.42**
目标专注维度	− 0.35**	− 0.31**
情绪控制维度	− 0.51**	− 0.39**
积极认知维度	− 0.15**	− 0.11**

注：* 代表 $P < 0.05$ ，** $P < 0.01$ （下表同）

同时，流动儿童孤独感与父母拒绝、父母过度保护也呈显著性正相关（$P < 0.01$），相关系数从 0.11 ~ 0.28；与父母情感温暖、社会支持总分、主观支持、客观支持、支持利用度、核心自我评价、心理韧性总分、目标专注、情绪控制和积极认知均呈显著性负相关

（$P < 0.01$），相关系数从 $-0.11 \sim -0.51$。

结果表明，不良的父母教养方式，如批评、惩罚、拒绝和过度保护等，与流动儿童的抑郁、孤独感呈正向相关，即父母教养方式越消极，流动儿童的抑郁、孤独感水平就越高；积极的父母教养方式，如情感关爱和情感温暖，与流动儿童的抑郁、孤独感呈负向相关，也就是说，父母给予流动儿童情感关爱和情感温暖越多，流动儿童的抑郁、孤独感水平就越低。

此外，流动儿童获得的社会支持水平越高，自身人格状况越积极，心理韧性水平越高，其抑郁、孤独感水平就越低；反之亦然。因此，提升流动儿童的心理健康水平，可以从改善父母教养方式、构建社会支持体系、培养积极人格和心理韧性等方面入手。

（十）流动儿童抑郁、孤独感的预测变量

由于相关分析的结果只显示变量之间的关系大小与方向，为进一步探讨流动儿童抑郁、孤独感的预测因素有哪些，我们接下来分别以流动儿童抑郁、孤独感为因变量，以六种父母教养方式、社会支持三个维度（主观支持、客观支持、对支持利用度）、核心自我评价、心理韧性三个维度（目标专注、情绪控制、积极认知）为自变量进行逐步多元回归分析。结果如表 8-16 和 8-17 所示。

从表 8-16 可以看出，能够进入回归方程，对流动儿童抑郁具有显著预测作用的变量共有 7 个，分别是核心自我评价、主观支持、母亲拒绝、情绪控制、对支持利用度、父亲过度保护和目标专注，可解释的变异量占流动儿童抑郁总变异的 48%（$R^2 = 0.48$）。结果显示，对流动儿童抑郁而言，影响作用较大的因素有两大方面：一是流动儿童积极的人格特征、情绪控制和目标专注等个体因素，二是主观支持、对支持利用度以及流动儿童母亲的拒绝、父亲的过度保护等家庭与社会环境因素。上述因素对于流动儿童抑郁的影响作用很大，预测力（决定系数）高达 48%。

表 8-16 父母教养方式、社会支持、核心自我评价、
心理韧性对抑郁的回归分析

自变量	抑郁（Beta）	t 值	P 值	R^2	F 值
核心自我评价	− 0.19	− 4.25	0.000		
主观支持	− 0.20	− 4.97	0.000		
母亲拒绝	0.18	4.69	0.000		
情绪控制	− 0.21	− 4.81	0.000	0.48	64.13**
对支持利用度	− 0.11	− 2.92	0.004		
父亲过度保护	0.08	2.38	0.018		
目标专注	− 0.08	− 2.11	0.036		

从表 8-17 可以看出，能够进入回归方程，对流动儿童孤独感具有显著预测作用的变量共有 6 个，分别是主观支持、核心自我评价、父亲情感温暖、对支持利用度、情绪控制和目标专注，可解释的变异量占流动儿童孤独感总变异的 39%（$R^2 = 0.39$）。结果显示，对流动儿童孤独感而言，影响作用较大的因素包括两个方面：一是主观支持、对支持利用度和流动儿童父亲的情感温暖，二是流动儿童自身的人格特征、情绪控制和目标专注。上述因素对于流动儿童孤独感的影响作用较大，预测力（决定系数）为 39%。

表 8-17 父母教养方式、社会支持、核心自我评价、
心理韧性对孤独感的回归分析

自变量	孤独感（Beta）	t 值	P 值	R^2	F 值
主观支持	− 0.22	− 4.78	0.000		
核心自我评价	− 0.15	− 3.15	0.002		
父亲情感温暖	− 0.15	− 3.53	0.000		
对支持利用度	− 0.14	− 3.40	0.001	0.39	53.79**
情绪控制	− 0.13	− 2.85	0.005		
目标专注	− 0.08	− 1.97	0.050		

对比流动儿童抑郁、孤独感的预测变量，我们发现，核心自我

评价、主观支持、对支持利用度、情绪控制和目标专注等 5 个变量是相同的预测变量，只有父母教养方式是不同的预测变量。对流动儿童抑郁而言，母亲拒绝和父亲过度保护是重要的预测变量，来自于母亲的批评、惩罚、拒绝和来自于父亲的过度保护、干涉越多，流动儿童就越容易产生抑郁症状。而对于流动儿童孤独感而言，父亲情感温暖是重要的预测变量，来自于父亲的情感关爱和情感温暖越少，流动儿童就越容易觉得孤独。

上述回归分析的结果为我们开展流动儿童心理健康的干预工作提供了实证依据，针对不同的心理健康指标，我们干预的目标和对象应当有所区别。

（十一）核心自我评价、心理韧性在社会支持与抑郁、孤独感间的中介效应

通过回归分析的结果，我们确定了流动儿童抑郁、孤独感的重要影响因素，但我们无法确定这些影响因素如何作用于抑郁和孤独感，即影响流动儿童抑郁和孤独感的影响机制并不清楚。通过前面章节的分析，我们已知个体的人格和心理韧性一方面受社会环境因素的影响，另一方面也会对其心理健康产生影响，人格或心理韧性可能在社会环境和心理健康之间起到一定的作用。因此，本研究假设，人格和心理韧性在社会环境因素与心理健康之间会起到中介或调节作用。为验证这一假设，我们分别对核心自我评价、心理韧性在社会支持与抑郁、孤独感之间的中介效应和调节效应进行分析。

中介效应和调节效应是两种不同的统计效应，统计分析方法也有所差别。中介效应是指变量 X 对变量 Y 的影响是通过 M 来实现的，同时变量 M 就称为中介变量。调节效应是指变量 X 与变量 Y 的关系会受第三个变量 M 的影响，也就是说，变量 X 对变量 Y 的影响在变量 M 的不同水平上存在差异。本研究中，中介效应的检验主要通过结构方程模型和路径分析来完成，调节效应的检验主要通过分层回归分析来完成。具体分析方法和结果如下。

1. 核心自我评价在社会支持与抑郁、孤独感之间的中介效应检验

为检验核心自我评价在社会支持与抑郁、孤独感之间是否存在中介效应，本研究首先使用 Amos6.0 分别进行社会支持（潜变量）对抑郁、孤独（显变量）感的简单效应检验，结果发现社会支持对抑郁、孤独感的路径系数分别为 −0.64 和 −0.62（均 $P < 0.01$）；随后分别建立核心自我评价在社会支持与抑郁、孤独感之间的中介效应模型，并运用百分位 Bootstrap 法（重复抽样 1 000 次）对效应值的置信水平进行检验。中介模型的标准化路径系数如图 8-6 和图 8-7 所示。

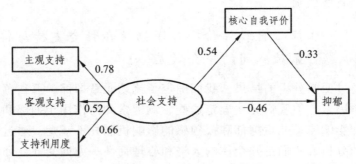

图 8-6 核心自我评价在社会支持与抑郁间的中介模型路径图
（路径系数均 $P < 0.01$）

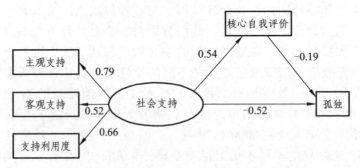

图 8-7 核心自我评价在社会支持与孤独感间的中介模型路径图
（路径系数均 $P < 0.01$）

从图 8-6 可以看出，社会支持通过核心自我评价对抑郁的间接效应为 -0.18（0.54×-0.33），Bootstrap 检验结果表明，在 99% 的置信区间内介于 -0.24 和 -0.12，此区间不包括 0，社会支持对抑郁的间接效应显著（$P < 0.01$）；社会支持对抑郁的直接效应为 -0.46，在 95% 的置信区间内介于 -0.57 和 -0.36，此区间包不含 0 在内，社会支持对抑郁的直接效应显著（$P < 0.01$），核心自我评价在社会支持与抑郁间起到部分中介作用。其中，社会支持对抑郁的总效应为 -0.64（$-0.46 + 0.54 \times -0.33$），核心自我评价的中介效应占总效应的 28.13%。

从图 8-7 可以看出，社会支持通过核心自我评价对孤独感的间接效应为 -0.10（0.54×-0.19），在 99% 的置信区间内介于 -0.16 和 -0.04 之间，社会支持对孤独感的间接效应显著（$P < 0.01$）；社会支持对孤独感的直接效应为 -0.52，在 99% 的置信区间内介于 -0.62 和 -0.41 之间，社会支持对孤独感的直接效应也非常显著（$P < 0.01$）。因此，核心自我评价在社会支持与孤独感之间也起到部分中介作用。社会支持对孤独感的总效应为 -0.62（$-0.52 + 0.54 \times -0.19$），核心自我评价的中介效应占总效应的 16.13%。

2. 心理韧性在社会支持与抑郁、孤独感之间的中介效应检验

为检验心理韧性在社会支持与抑郁、孤独感之间是否存在中介效应，我们分别建立心理韧性在社会支持与抑郁、孤独感之间的中介效应模型，并运用百分位 Bootstrap 法（重复抽样 1 000 次）对效应值的置信水平进行检验。中介模型的标准化路径系数如图 8-8 和图 8-9 所示。

图 8-8 显示，社会支持通过心理韧性对抑郁的间接效应为 -0.45（0.70×-0.64），Bootstrap 检验结果表明，在 99% 的置信区间内介于 -0.82 和 -0.27，此区间不包括 0，因此，社会支持对抑郁的间接效应显著（$P < 0.01$）；社会支持对抑郁的直接效应为 -0.19，在 95% 的置信区间内介于 -0.34 和 0.07，此区间包含 0 在内，因此，社会支持对抑郁的直接效应不显著（$P > 0.05$），心理韧性在社会支持与抑郁间起到显著的中介作用。其中，社会支持对抑郁的总效应为

-0.64（$-0.19 + 0.70 \times -0.64$），心理韧性的中介效应占总效应的 70.31%。

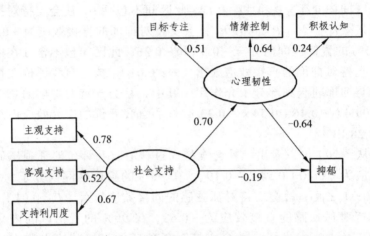

图 8-8　心理韧性在社会支持与抑郁间的中介模型路径图
（路径系数均 $P < 0.01$）

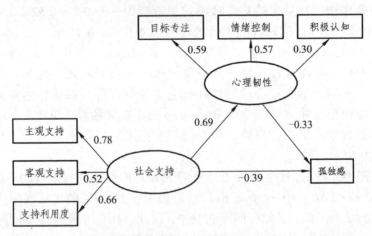

图 8-9　心理韧性在社会支持与孤独感间的中介模型路径图
（路径系数均 $P < 0.01$）

如图 8-9 显示，社会支持通过心理韧性对孤独感的间接效应为

－0.23（0.69×－0.33），在 99% 的置信区间内介于－0.48 和－0.05，社会支持对孤独感的间接效应显著（$P < 0.01$）；社会支持对孤独感的直接效应为－0.39，在 99% 的置信区间内介于－0.60 和－0.13，社会支持对孤独感的直接效应显著（$P < 0.01$）。因此，心理韧性在社会支持与孤独感之间只起到部分中介作用。社会支持对孤独感的总效应为－0.62（－0.39 + 0.69×－0.33），心理韧性的中介效应占总效应的 37.09%。

综上所述，核心自我评价、心理韧性在社会支持与抑郁、孤独感之间均具有一定的中介效应，在社会支持对流动儿童抑郁、孤独感的影响作用中，部分是通过核心自我评价、心理韧性来实现的。

（十二）核心自我评价、心理韧性在社会支持与抑郁、孤独感间的调节效应

中介效应的检验结果发现，核心自我评价、心理韧性在社会支持与抑郁、孤独感之间存在一定的中介效应。根据以往人格、心理韧性、社会支持与心理健康关系的研究结论，本研究还假设：流动儿童的核心自我评价、心理韧性在社会支持与抑郁、孤独感之间起调节作用，即社会支持对抑郁、孤独感的影响在核心自我评价、心理韧性的不同水平上存在显著差异。接下来，我们进一步对核心自我评价、心理韧性是否具有调节效应进行检验。

1. 核心自我评价在社会支持与抑郁、孤独感之间的调节效应检验

为检验核心自我评价在社会支持与抑郁、孤独感之间的调节效应，按照温忠麟、侯杰泰、张雷（2005）的建议，分别采用以下步骤：（1）将社会支持、核心自我评价得分中心化处理（减去均值）；（2）生成社会支持×核心自我评价的乘积项；（3）分别以抑郁、孤独感作为因变量进行分层回归分析。第一步做抑郁、孤独感对社会支持和核心自我评价的回归，第二步做抑郁、孤独感对社会支持、核心自我评价和乘积项的回归，通过两个回归方程的 $\triangle R^2$ 是否显著或乘积项的回归系数是否显著，来判断核心自我评价的调节效应是

否显著。具体结果如表 8-18 和表 8-19 所示。

表 8-18　核心自我评价在社会支持与抑郁关系中的调节效应检验

	回归方程一			回归方程二		
	Beta 值	t 值	P 值	Beta 值	t 值	P 值
第一步　主效应						
社会支持	−0.32	−9.59	0.000	−0.33	−9.64	0.000
核心自我评价	−0.40	−11.95	0.000	−0.40	−11.83	0.000
第二步　调节效应						
社会支持×核心自我评价				0.03	0.96	0.339
R^2	0.382			0.383		
$\triangle R^2$	0.382**			0.001		

表 8-19　核心自我评价在社会支持与孤独感关系中的调节效应检验

	回归方程一			回归方程二		
	Beta 值	t 值	P 值	Beta 值	t 值	P 值
第一步　主效应						
社会支持	−0.38	−10.77	0.000	−0.39	−11.10	0.000
核心自我评价	−0.30	−8.53	0.000	−0.29	−8.22	0.000
第二步　调节效应						
社会支持×核心自我评价				0.10	3.22	0.001
R^2	0.332			0.342		
$\triangle R^2$	0.332**			0.010**		

从表 8-18 可以看出，回归方程一的决定系数（R^2）为 0.382，回归方程二的决定系数（R^2）为 0.383，两个回归方程的 $\triangle R^2$ 仅为 0.001，同时，社会支持×核心自我评价乘积项的 Beta 值为 0.03（P = 0.339），未达到 0.05 显著性水平。因此，核心自我评价在社会支持与抑郁之间的调节效应并不显著，也就是说，核心自我评价在社会支持与抑郁之间不具有调节效应，社会支持对抑郁的影响在核心

自我评价的不同水平上不存在显著性差异。

从表 8-19 可以看出，回归方程一的决定系数（R^2）为 0.332，回归方程二的决定系数（R^2）为 0.342，两个回归方程的 $\triangle R^2$ 为 0.01，同时，社会支持 × 核心自我评价乘积项的 Beta 值为 0.10（$P<0.01$）。因此，核心自我评价在社会支持与孤独感之间具有显著的调节效应，社会支持对孤独感的影响在核心自我评价的不同水平上存在显著性差异。

为进一步揭示核心自我评价在社会支持与孤独感之间的调节作用，本研究依据 Aiken 和 West（1991）提出的简单斜率检验法，计算出核心自我评价为平均数正负一个标准差时，社会支持对孤独感的预测作用，绘制了调节效应分析图（见图 8-10），并检验了简单斜率的显著性水平。

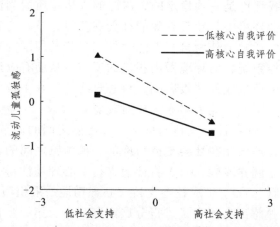

图 8-10　核心自我评价在社会支持与孤独感之间的调节效应图

图 8-10 的结果显示，核心自我评价水平较低的流动儿童，社会支持水平的高低对其孤独感的影响较大（Simple slope = − 0.49，$t=-5.83$，$P<0.01$）；而核心自我评价水平较高的流动儿童，社会支持水平的高低对其孤独感的影响相对较小（Simple slope = − 0.29，$t=-3.45$，$P<0.01$）。

本研究结果表明，流动儿童的核心自我评价在社会支持与抑郁之间不具有调节效应，但在社会支持与孤独感之间具有显著的调节效应。也就是说，当流动儿童处在较低水平的社会支持环境中，高核心自我评价水平的个体出现孤独症状的可能性较小，而低核心自我评价水平的个体出现孤独症状的可能性较大；当流动儿童处在较高水平的社会支持环境中，核心自我评价水平的高低对其孤独感的影响作用不大。因此，核心自我评价在一定程度上缓解了社会支持对其孤独感的负向作用。这与同类研究的结果比较相近，方晓义、范兴华和刘杨（2008）的研究发现，流动儿童的应对方式在歧视知觉和孤独情绪之间具有调节作用，具体而言，积极应对对流动儿童受歧视程度与孤独感之间的关系具有正向调节作用，而消极应对对流动儿童是否遭受歧视与孤独感之间的关系具有正向调节作用。

核心自我评价是一种稳定的、深层的人格特质。当流动儿童处在不利的社会环境中，缺乏有效的社会支持时，核心自我评价水平较高的个体，通常会认为自己有能力控制自身及周围的事件，同时激发自我监控系统，对环境做出积极的反应，从而有效地减少不利环境给孤独感所造成的消极影响；核心自我评价水平较低的个体，缓解这种消极影响的能力和效果相对较弱。

2. 心理韧性在社会支持与抑郁、孤独感之间的调节效应检验

为检验心理韧性在社会支持与抑郁、孤独感之间的调节效应，我们采用上述同样步骤：（1）将社会支持、心理韧性得分中心化处理（减去均值）；（2）生成社会支持×心理韧性的乘积项；（3）分别以抑郁、孤独感作为因变量进行分层回归分析。第一步做抑郁、孤独感对社会支持和心理韧性的回归，第二步做抑郁、孤独感对社会支持、心理韧性和乘积项的回归，通过两个回归方程的 $\triangle R^2$ 是否显著或乘积项的回归系数是否显著，来判断心理韧性的调节效应是否显著。结果如表 8-20 和表 8-21 所示。

由表 8-20 可知，回归方程一的决定系数（R^2）为 0.367，回归方程二的决定系数（R^2）为 0.373，两个回归方程的 $\triangle R^2$ 为 0.006，社会支持×心理韧性乘积项的 Beta 值为 0.08（$P < 0.05$）。因此，我

们可以认为,心理韧性在社会支持与抑郁之间具有显著的调节效应,社会支持对抑郁的影响在心理韧性的不同水平上存在显著性差异。

表 8-20　心理韧性在社会支持与抑郁关系中的调节效应检验

	回归方程一			回归方程二		
	Beta 值	t 值	P 值	Beta 值	t 值	P 值
第一步　主效应						
社会支持	− 0.34	− 9.59	0.000	− 0.35	− 9.90	0.000
心理韧性	− 0.39	− 11.04	0.000	− 0.39	− 11.17	0.000
第二步　调节效应						
社会支持×心理韧性				0.08	2.48	0.014
R^2	0.367			0.373		
$\triangle R^2$	0.367**			0.006*		

表 8-21　心理韧性在社会支持与孤独关系中的调节效应检验

	回归方程一			回归方程二		
	Beta 值	t 值	P 值	Beta 值	t 值	P 值
第一步　主效应						
社会支持	− 0.41	− 11.41	0.000	− 0.43	− 11.69	0.000
心理韧性	− 0.26	− 7.11	0.000	− 0.26	− 7.23	0.000
第二步　调节效应						
社会支持×心理韧性				0.08	2.38	0.018
R^2	0.322			0.328		
$\triangle R^2$	0.322**			0.006*		

从表 8-21 可知,回归方程一的决定系数(R^2)为 0.322,回归方程二的决定系数(R^2)为 0.328,两个回归方程的$\triangle R^2$ 为 0.006,社会支持×心理韧性乘积项的 Beta 值为 0.08($P < 0.05$)。因此,心理韧性在社会支持与孤独感之间同样具有显著的调节效应,也就是说,社会支持对孤独感的影响在心理韧性的不同水平上也存在显著性差异。

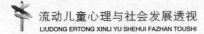

为进一步揭示心理韧性在社会支持与抑郁、孤独之间的调节作用，我们依据简单斜率检验法（Aiken & West，1991），计算出心理韧性为平均数正负一个标准差时，社会支持对抑郁、孤独感的预测作用，绘制了调节效应分析图（见图 8-11 和图 8-12），并对简单斜率的显著性进行了检验。

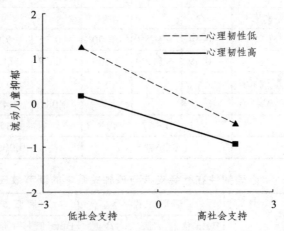

图 8-11　心理韧性在社会支持与抑郁之间的调节效应图

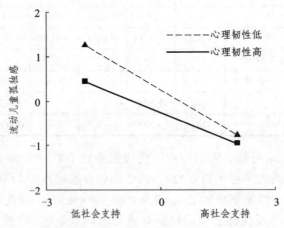

图 8-12　心理韧性在社会支持与孤独感之间的调节效应图

如图 8-11 所示，在心理韧性水平较低的情况下，社会支持能够显著负向预测流动儿童抑郁（Simple slope = － 0.43，$t = － 13.75$，$P < 0.01$）；在心理韧性水平较高的情况下，社会支持也能够显著负向预测流动儿童抑郁（Simple slope = － 0.27，$t = － 8.62$，$P < 0.01$），但此时的预测作用相对较小。

如图 8-12 显示，在心理韧性水平较低的情况下，社会支持能够显著负向预测流动儿童孤独感（Simple slope = － 0.50，$t = － 9.31$，$P < 0.01$）；在心理韧性水平较高的情况下，社会支持也能够显著负向预测流动儿童孤独感（Simple slope = － 0.35，$t = － 6.39$，$P < 0.01$），此时的预测作用也相对较小。

本研究结果表明，在流动儿童心理韧性水平较低的情况下，社会支持对抑郁、孤独感的影响作用较大；而在流动儿童心理韧性水平较高的情况下，社会支持对抑郁、孤独感的影响作用较小。也就是说，心理韧性缓解了社会支持对抑郁、孤独的负向影响。当流动儿童处在较低水平的社会支持环境中，高心理韧性水平的个体出现抑郁、孤独症状的可能性较小，而低心理韧性水平的个体出现抑郁、孤独症状的可能性较大。这与同类研究结果比较相似，如 Wingo 等人（2010）认为"心理韧性不但可以直接影响抑郁，也可以调节儿童虐待和创伤对抑郁的影响作用"[1]；朱清等人（2012）的研究也发现，"心理韧性在地震后继发的负性生活事件和抑郁症状间起调节和中介作用，对青少年的抑郁症状起到保护作用"[2]。因此，从本研究结果来看，流动儿童的心理韧性增强了社会支持对抑郁和孤独感的负向影响，对流动儿童的心理健康起到了积极的增益作用。

---

[1] Wingo A P, Wrenn G, Pelletier T, et al. *"Moderating effects of resilience on depression in individuals with a history of childhood abuse or trauma exposure", Journal of Affective Disorders*, 2010, 126(3): pp411-414.

[2] 朱清，范方，郑裕鸿等：《心理韧性在负性生活事件和抑郁症状之间的中介和调节：以汶川地震后的青少年为例》，《中国临床心理学杂志》，2012，20（4）：514-517 页。

三、研究结论

本研究以抑郁和孤独感为指标，考察了流动儿童心理健康的状况，对比分析了流动儿童与本地儿童心理健康状况的差异，探讨了流动儿童心理健康的影响因素，社会环境因素与心理健康之间的作用机制，并得出以下主要结论：

（1）流动儿童抑郁症状的总检出率为 19.97%，孤独症状的总检出率为 5.67%。

（2）在抑郁得分上，打工子弟学校流动儿童>公立学校流动儿童>本地儿童，打工子弟学校流动儿童的抑郁得分显著高于本地儿童，且三类儿童在抑郁症状检出率上存在显著性差异。

（3）在孤独感得分上，打工子弟学校流动儿童>公立学校流动儿童>本地儿童，但差异并不显著，三类儿童在孤独感症状检出率上也不存在显著性差异。

（4）流动男童的抑郁得分显著高于流动女孩，抑郁症状检出率差异不显著；流动男童和流动女童的孤独感得分、孤独症状的检出率差异均不显著。

（5）小学六年级流动儿童的抑郁得分显著低于初中一、二年级，但抑郁症状检出率差异不显著；不同年级流动儿童的孤独感得分、孤独症状的检出率差异均不显著。

（6）不同流动时间的流动儿童抑郁得分差异不显著；不同流动时间的流动儿童孤独感得分差异显著，流动时间越短，孤独感体验越高。

（7）独生与非独生流动儿童的抑郁、孤独感得分差异不显著。

（8）贵阳地区流动儿童的孤独感体验显著高于广州地区的流动儿童；但两地流动儿童的抑郁差异并不显著。

（9）不同年龄流动儿童的抑郁、孤独感得分呈"抛物线"形的发展趋势，11 岁组得分最低，从 12 岁组开始快速增长，在 13~14 岁组达到顶峰，15 岁组又有所下降。

（10）流动儿童抑郁、孤独感与父母拒绝、父母过度保护呈显著性正相关，与父母情感温暖、社会支持总分和三个维度、核心自我评价、心理韧性总分和三个维度均呈显著性负相关。

（11）核心自我评价、主观支持、母亲拒绝、情绪控制、对支持利用度、父亲过度保护和目标专注可以显著预测流动儿童抑郁，解释变异量占总变异量的48%。主观支持、核心自我评价、父亲情感温暖、对支持利用度、情绪控制和目标专注可以显著预测流动儿童的孤独感，解释变异量占总变异量的39%。

（12）核心自我评价在社会支持与抑郁间起到部分中介作用，中介效应占总效应的28.13%；在社会支持与孤独感之间起到部分中介作用，中介效应占总效应的16.13%；核心自我评价在社会支持与孤独感之间具有显著的调节效应。

（13）心理韧性在社会支持与抑郁间起到部分中介作用，中介效应占总效应的70.31%；在社会支持与孤独感之间起到部分中介作用，中介效应占总效应的37.09%。同时，心理韧性在社会支持与抑郁之间、在社会支持与孤独感之间均具有显著的调节效应。

四、对策与建议

抑郁是儿童青少年期常见的以情绪低落为主要表现的情绪障碍，儿童抑郁不仅影响个体的学习能力和社会功能，而且与自杀行为密切相关。儿童抑郁检出率因研究方法和地区不同而不同，"国外儿童抑郁症状检出率约为 5%～35%，国内约 10%～40%"[①]。孤独感是一种消极的、弥漫性的心理状态，通常伴随悲伤和空虚等消极情绪，如果儿童长期处于孤独状况将会导致社会适应不良。抑郁、孤独感是儿童最主要的心理健康问题。本研究结果表明，流动儿童抑郁、孤独感状况均高于城市本地儿童，并表现出一定的人口统计学特征。因此，有必要针对流动儿童群体，尤其是打工子弟学校的流动儿童，从系统干预的视角出发，在群体、个体和家庭三个层面，

---

① 王君，张洪波，胡海利等：《儿童抑郁量表信度和效度评价》，《现代预防医学》，2010，27（9）：1642-1645 页。

开展相应的心理健康干预工作，以提升流动儿童群体的心理健康状况，提高流动儿童群体的社会适应状况。

（一）提高认识

各级行政部门、学校和流动儿童家庭应当认识到，心理健康干预是一个预防、干预和追踪的长期过程，一方面要做好干预工作，另一方面更应当做好预防工作，需要整个城市和社会为流动儿童提供一个良好的社会文化环境，提高流动儿童自身的积极心理品质，充分挖掘流动儿童的心理潜能，降低对不利环境的易感性，最大限度地降低处境不利对流动儿童造成的心理危害。

（二）群体干预

流动儿童的心理健康问题具有一定的共同性，因此，可以采取群体干预的方式进行干预。常见的群体干预方法包括团体心理辅导、小组社会工作等，通过设计和开展系列（每周一次或两周一次）的群体活动，帮助流动儿童认知自己、悦纳自己，学会控制和调节自己的不良情绪，培养基本的社会交往技能和主动利用社会支持的能力。在我们承担的另一项课题研究中，课题组也在尝试采用每两周一次的团体心理辅导，改善流动儿童的抑郁和孤独感状况，培养其积极心理品质，塑造良好的人格。

此外，流动儿童学校还应当开设心理健康教育课程，采用课堂讨论、专题讲座、角色扮演、情景分析和游戏辅导等方式，把心理健康干预工作渗透到日常教育和教学中去。

为此，流动儿童就读学校的全体教师应当掌握一些基本的心理健康知识，每所学校应当按照教育部《中小学心理健康教育指导纲要（2012年修订）》的有关通知，配备至少一名心理健康教育的专兼职老师，系统开展学校的心理健康教育。地方政府教育部门应当把此项工作列入学校是否合格的重要考核指标，以行政力量推动流动儿童的心理健康教育工作。

在上述条件暂未达到的地区或学校，政府、社区和学校应鼓励专业的社会组织和公益力量投身于流动儿童心理健康教育的公益活动中，指导与培训学校教师逐步掌握心理健康教育的方法，推动流动儿童关爱服务和教育管理工作的制度化、常态化和规范化。

（三）个体干预

流动儿童心理健康状况具有一定的个体差异性，因此，心理健康的干预工作还应以个体干预为辅助手段。流动儿童就读学校应建立心理咨询和辅导室，针对心理健康相对严重或情况特殊的流动儿童进行个别辅导和干预。心理咨询和辅导室承担着帮助个别流动儿童解决学习、生活和成长问题的重要任务，也是排解流动儿童日常心理困扰的专门场所。专职心理健康老师在个体干预过程中，要掌握流动儿童常见心理问题的干预方法，树立危机干预意识，对个别有严重心理问题的学生，要联系其家长并转介到相关心理诊治部门。

学校班主任应熟悉本班流动儿童的基本情况，包括家庭成员组成、父母工作、流动儿童性格特点等信息，定期通过谈心、交流等方式掌握流动儿童的最新情况，对遇到困难的流动儿童及时帮助、转介，构建流动儿童的社会支持体系，尤其是增加其主观支持水平。

（四）家庭干预

流动儿童心理健康教育和干预工作是一项系统工作，从儿童心理健康发展的生态系统视角来看，父母教养方式和家庭环境是影响流动儿童心理健康的重要微系统。如果只是针对流动儿童所出现的某些心理健康问题进行矫正，而不去从源头上解决父母教养方式所存在的问题，很难想象流动儿童的心理健康问题能够彻底解决。

由于流动儿童的父母多是城市打工人员，教育文化水平较低，工作性质以体力劳动为主，工作时间长等原因，造成父母与儿童的相处时间短，沟通与交流少。文化程度较低的流动儿童父母常常会忽视儿童的情感需求，缺乏具有情感色彩的沟通和交流，取而代之

的是采用严厉的惩罚手段来教育子女，可能会盲目信奉传统的教养观念，如"打是疼，骂是爱""棍棒底下出孝子"①，借此来表达自己对孩子的关爱，但结果却适得其反。

因此，学校、社区要帮助流动儿童父母树立正确的教育观念，让流动儿童父母懂得不仅要教育子女，而且要讲究教育的方法和质量；要掌握积极的教养方式，减少父母批评、拒绝和过度保护、过度干涉等教养方式，改善亲子关系、加强亲子沟通，尤其是父亲与流动儿童之间的沟通，给予更多情感温暖和情感关爱。流动儿童就读学校、所在社区可以利用自身的教育资源，联合地方志愿者和公益组织，开办流动儿童"家长学校""流动儿童之家"，举办家庭教育的专题讲座，散发有关知识资料，讨论交流家庭教养的心得体会，举办亲子活动，促进亲子沟通，增进亲子感情。

---

① 陈丹群：《流动儿童父母教养方式的研究》，《太原师范学院学报(社会科学版)》，2009，8（5）：157-160 页。

第九章　城市流动儿童心理发展与社会适应对策
——基于生态系统理论的视角

一、问题提出

系统发展观是当今儿童发展理论中一个重要的理论模型，是科学方法论对心理学影响的产物，同时也是心理学界对儿童心理发展不断深入研究的结果。系统发展观把儿童发展看作是动力系统相互调节的结果，强调儿童发展受生活环境中多个水平的影响、系统水平的循环因果性以及系统的动态特征，因而在当代儿童发展研究中，特别是儿童社会化研究中，具有深远的影响。这种理论模型有助于考察环境对儿童发展的复杂影响，并对发展性干预计划的设计具有重要的指导意义。[①]如对于儿童的干预目标，系统发展观就强调这样一个事实，即儿童并非独自面对挑战，而是处在与父母、同伴和老师的关系中面对挑战。因此，指向单独个体的干预不如指向关系系统的干预有效。这一系统的思想和方法在深入认识环境系统中的家庭和个体发展方面具有较大的应用价值，通过在一个变化的系统网络中看待变化的儿童个体，可以促进儿童个体发展的研究和干预的结果。

在众多的系统发展观研究中，尤以 Bronfenbrenner 的研究最为突出。Bronfenbrenner 是美国著名心理学家，他于 1979 年出版了《人

---

① 邓赐平，刘金花：《系统发展观：儿童社会化研究中的一个重要发展倾向》，《华东师范大学学报（教育科学版）》，2000（1）：64-70 页。

类发展生态学》一书，明确将生态发展观作为发展研究的指导思想，
同时吸收了系统发展的思想。Bronfenbrenner 在其理论模型中，用
行为系统指出人生活于期间并与之相互作用的不断变化着的环境，
并将影响儿童成长和发展的环境分为四个层次：微系统、中系统、
外系统和宏系统（见图 9-1），这四个层次的系统类似于"俄罗斯套
娃"一样，从微观到宏观，每一个层次都与其他层次和个体发生交
互作用，对儿童产生直接或间接的影响。

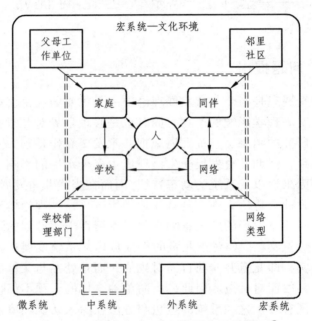

图 9-1 Bronfenbrenner 的生态系统模型[①]

微系统是指个体活动和交往的直接环境，也是对儿童影响最为
直接的环境系统，这个环境是不断变化和发展的。对大多数婴儿来
说，微系统仅限于家庭，随着婴儿的不断成长，活动范围不断扩展，
幼儿园、学校和同伴关系逐渐纳入微系统中来。对学生而言，学校

---

① 席居哲：《儿童心理健康发展的家庭生态系统研究》，华东师范大学硕
士论文，2003。

是除家庭以外对其影响最大的微系统。这个系统主要包括家庭、学校、同伴和网络等四个因素。Bronfenbrenner 强调，为认识这个层次儿童的发展，必须看到所有关系是双向的，即成人影响着儿童的反应，但儿童的生物和社会特性——其生理属性、人格和能力也会影响着成人的行为。如母亲给婴儿哺乳，婴儿饥饿的时候会以哭泣来引起母亲的注意，影响母亲的行为，一旦母亲能及时给婴儿哺乳就会消除婴儿哭泣的行为。

中系统是各个微系统之间的联系或相互关系；Bronfenbrenner 认为，如果微系统之间有较强的积极的联系，发展可能实现最优化；相反，微系统之间的非积极的联系会产生消极的后果。例如，儿童在家庭中与兄弟姐妹的相处模式会影响到他在学校中与同学之间的相处模式。如果儿童在家庭中被溺爱，在玩具和食物方面总是优先，那么一旦在学校中无法享受到这种待遇，就会产生心理的不平衡感，就不易于与同学建立和谐、亲密的友谊关系，还会影响到老师的教育指导方式。

外系统是儿童未直接参与但对他们产生影响的系统，包括两个或两个以上环境系统及其之间的相互作用，外系统对人的发展具有间接的影响作用，主要有父母工作单位、邻里社区、学校和网络类型等四个外系统，例如，儿童在家庭的情感关系可能会受到父母是否喜欢其工作的影响。

宏系统是宏观的文化系统，比如社会价值观、生产实践、风俗习惯、发展状况等。宏系统包括微系统、中系统和外系统，实际上是一个广阔的意识形态，它规定着如何对待儿童、教给儿童什么以及儿童应该努力的目标。在不同的文化中这些观念是不同的，这些观念存在于微系统、中系统和外系统中，直接或间接地影响儿童知识经验的获得。

Bronfenbrenner 的生态系统模型还包括了时间维度，把时间作为研究个体成长中心理变化的参照体系，强调儿童的变化或者发展将时间和环境相结合来考察发展的动态过程。婴儿一出生就置身于一定的环境之中，并通过本能反应来影响环境；随着时间的推移，儿童的生存环境不断发生变化，引起变化的原因可能是外部的，也可能是人自己的因素。个体对于环境的选择是随着时间不断推移而导致个体知识经验不断积累的结果。Bronfenbrenner 将这种环境的变化称为"生态转变"，每次转变都是个体人生发展的一个阶段，如升学、结婚或退休等。Bronfenbrenner 将转变分为两类，正常的（如入学、工作、结婚、退休）和非正常的（如重要他人去世或病重、离异、迁居、彩票中奖等），这些转变发生于人的一生之中，常常成为发展的动力，同时这些转变也会通过影响家庭进程对发展产生间接影响[①]。

对比流动儿童与城市本地儿童，我们发现，流动儿童的生态系统也同样存在上述四种层次，但与本地儿童的生态系统相比，两者存在一定的差异，这种差异广泛存在于微系统、中系统、外系统等三个层次，诸如父母教育方式、就读学校、同伴、社区邻居、父母工作、社会支持等方面，甚至宏系统也有所不同，如部分居民对于外来流动人口的戒备和歧视、部分政策对于流动群体的歧视和不公。生态系统的差异必然会导致流动儿童的成长与发展出现一些不同于本地儿童的特点与规律，这为我们开展流动儿童的问题研究提供了独特的视角。如何针对流动儿童独特的生态系统开展干预工作，为流动儿童的教育干预方案提供理论和实证依据，以此促进流动儿童更好地适应社会文化、更好地融入城市环境，是当前流动儿童教育的重大问题，也是本研究所思考的重要问题。

从上述分析来看，生态系统理论不但对于流动儿童心理发展和社会适应的实证研究有着重要的启迪，而且对于流动儿童的政策制定和干预工作也同样具有深远的启发意义。我们应当从系统的视角来看待流动儿童心理发展和社会适应的环境因素，尽量避免在某一特定环境下，采用单一视角开展科学研究或进行干预实践，这将有助于我们更加真实地刻画出流动儿童心理发展和社会适应的现实图

---

① 刘金，孟会敏：《关于布朗芬布伦纳发展心理学生态系统理论》，《中国健康心理学杂志》，2009，17（2）：250-252 页。

景，从而避免得出"盲人摸象"式的研究结论。

二、研究方法和结果

本研究在生态系统理论的视阈下，通过调查研究的方法，探讨流动儿童心理发展和社会适应的现状和规律，对比分析流动儿童与城市儿童在心理发展和社会适应方面的差异，以及流动儿童心理发展和社会适应的影响因素等内容。

如前内容所述，本研究随机整群抽取了广州市和贵阳市 8 所学校的 1 000 名儿童进行问卷调查，一共回收了有效问卷 970 份，其中打工子弟学校流动儿童 530 份，公立学校流动儿童 268 份，本地儿童 172 份，回收有效率为 97%。采用的调查工具主要有：简式父母教养方式问卷、修订的社会支持评定量表、核心自我评价量表、青少年心理韧性量表、学习适应问卷、问题行为问卷、儿童抑郁量表和儿童孤独量表，在此基础上使用 SPSS16.0 软件进行数据分析。

调查的主要结论如下：与本地儿童相比，流动儿童，特别是打工子弟学校的流动儿童，人格状况较为消极，心理韧性水平较低，学习适应状况较差，问题行为较多，抑郁水平和抑郁症状检出率较高，同时，父母情感温暖较少而拒绝、批评较多，社会支持水平较低。总体而言，流动儿童的心理发展和社会适应状况较差，这种情况应当引起教育行政部门足够的重视。

同时，流动儿童的心理发展和社会适应状况在性别、年龄、城市、独生性质和进城时间等人口统计学变量上存在一定差异。父母教养方式、社会支持是影响儿童心理发展和社会适应的两个重要微系统，一方面，父母教养方式、社会支持影响流动儿童的心理发展状况和社会适应状况，另一方面，流动儿童自身的心理发展状况又影响到其社会适应状况。

三、研究不足

本研究针对城市流动儿童心理发展和社会适应问题开展了较为深入和系统的研究，虽然取得了一定的研究成果，但由于主客观原因的限制，本研究依然存在一些不足，主要如下：

（1）在影响流动儿童成长和发展的生态系统中，我们只考察了父母教养方式、社会支持、学校性质等因素，未来研究中，可以考虑引入更多的因素，如同伴、父母工作、邻里社区、大众传播媒体和社会舆论等。

（2）本研究采用的是横断面研究和相关设计，只能推断流动儿童各发展阶段的差异，而无法准确描述流动儿童心理发展和社会适应的纵向变化，未来研究中，应当采用纵向研究或实验设计进行弥补。

（3）本研究主要采用儿童的自我报告法获取调查数据，对各变量的测量实际上是感知的结果，而非实际的结果，未来研究中，应当采用更多的评定方法获取数据。

（4）本研究被试主要来自于广州和贵阳两地，研究结论的外部效度可能存在一定的问题，未来研究中，应当扩大被试取样范围。

四、对策与建议

从生态系统理论的视角来看，流动儿童心理发展和社会适应问题不是单独的个体事件，而是受到多因素、多层次系统的影响，诸如家庭系统、同伴系统、学校系统、社区系统和整个社会的文化环境，每个系统均直接或间接地与其他系统和个体相互影响，以一种复杂的方式影响和制约着流动儿童的心理发展和社会适应。因此，如果仅从某一因素或某一层次开展流动儿童问题的干预和介入工作，将其与其他系统隔离开来，将很难达到预期效果。

生态系统理论对于有效促进流动儿童心理发展和社会适应的政策制定、干预工作有着重要的启发意义。就政策制定而言，国家和政府应以生态系统理论为指导，将影响流动儿童心理发展和社会适应的因素均置于广阔的背景之中，至少从个体、家庭、学校、社区和社会等五大系统综合考虑，在流动儿童入学、落户、卫生保健、父母教育和培训等方面制定关爱流动儿童及流动家庭的政策和措施，并以各级政府为主导，协调动员教育、卫生、财政、民政、公安、妇联、人力资源和社会保障、社会公益组织等部门或机构，发挥各方优势，做到资源共享、优势互补。

教育行政部门应坚持以公办学校为主接受流动儿童接受义务教育，通过采取监控措施确保打工子弟学校的教育质量、规范打工子弟学校的办学行为、改善打工子弟学校的教学环境和教学设施，促进打工子弟学校正规化；卫生行政部门应加强流动儿童的医疗保健，为流动儿童提供健康监测、营养指导等卫生保健服务，促进流动儿童的身体健康发育；人力资源和社会保障部门应提高进城务工人员的工资水平，保障流动人口的收入水平，从而间接改善流动儿童的受教育条件；公安部门应建立和完善流动人口的落户政策，保障流动儿童学校和周边生活环境的安全；财政部门应投入足够的流动儿童义务教育公共财政专项资金，从中央到省级财政，再到市级财政和区级财政，按比例统筹解决资金难题，落实"两个为主"（以流动地为主、以公办学校为主）的政策要求，将关爱流动儿童的政策和措施贯彻执行下去，而非只停留在口号和文件上。

就干预工作而言，为取得较好的干预效果，应以生态系统理论为指导，将干预重点放在流动儿童所处的生态系统上，至少考虑流动儿童—父母、流动儿童—教师、流动儿童—同伴等三种关系。在个案介入的同时，也要考虑家庭介入、小组介入（同伴群体、学校老师）和社区介入，同时在微系统、中系统、外系统和宏系统层面开展工作，实行以微系统和中系统为主，以外系统和宏系统为辅的干预形式，从政府、学校、家庭和社区等四个方面共同努力，同步推进，共同促进流动儿童的心理发展和社会适应。如在姚进忠（2010）的研究中，研究者曾尝试从个案、小组和社区三个层面开展社会工作。在个案层面，主要采用与家庭成员谈话、游戏、功课辅导等方式，对流动儿童家庭成员进行辅导，重点关注流动儿童个体能力的提升和家庭关系的调整；在小组层面，主要针对流动儿童的同伴群体和学校老师，通过专业小组社会活动让流动儿童及相关群体获得经验来帮助流动儿童提高社会适应的能力和解决社会适应过程中的问题；在社区层面，主要借助于政府团委和高校社会工作大学生的力量，每学期开展一次大型的社会活动，通过游戏体验和感觉分享的方式，增进社区居民对流动人口的理解，为流动儿童争取更多的社会资源，创造良好的社会氛围，从而增强流动儿童的城市归宿感，提升他们的社会适应能力。[①]结合生态系统理论和本研究的部分研究结果，我们提出以下四个方面的对策与建议，希望以此促进流动儿童的心理发展和社会适应。

1. 政府主导

流动儿童心理发展和社会适应的影响因素较为复杂，单靠流动儿童家庭自身无法解决流动儿童面临的各种问题，因此，流动儿童流入地政府应积极倡导并实施流动儿童的关爱行动，充分动员政府、学校、家庭和社区等各方力量共同应对。

流动儿童流入地政府应加大改革力度，对流动儿童家庭给予政策支持和制度保障，打破教育公平壁垒，促进教育公平，如取消针对流动儿童的入学限制、升学限制和考试限制，使流动儿童享受到与本地儿童同等的教育资源，创造流动儿童学习适应的环境和氛围；政府应开展正面的宣传和引导，让城市居民了解和认识到外来务工人员对于城市发展的贡献、流动儿童在城市生活和学习的困难，让更多的城市居民（特别是作为邻居时）包容和理解流动儿童，给予流动儿童更多的关爱和支持，消除城市群体对于流动人口、流动儿童的偏见、歧视和社会排斥，使流动儿童能够感受到来自城市的接纳和尊重。同时，政府部门还可以呼吁更多社会公益力量、企业爱心人士、慈善组织参与到关爱和支持流动儿童的行动中来，以弥补

① 姚进忠:《农民工子女社会适应的社会工作介入探讨》,《北京科技大学学报（社会科学版）》, 2010, 26（1）: 22-27 页。

政府力量的不足。

2. 学校教育

学校是流动儿童教育的主体机构。在公立学校中，应当采取混班教学制，让流动儿童与本地儿童在一个班级中共同学习。引导流动儿童与本地儿童积极互动，消除隔阂，促进流动儿童更好地融入城市与学校的生活。公立学校的老师应当具有一定的心理健康教育常识，对流动儿童和本地儿童一视同仁，充分利用教育心理学中"皮格马利翁效应"关爱和支持流动儿童，加强与流动儿童家长的沟通与交流。

在打工子弟学校，学校层面应尽量为流动儿童创设舒适的教学环境和学习环境，购置必要的教学设施和体育运动器材等，不能忽视物理环境对流动儿童身心发展的影响；打工子弟学校应尽力改善教师流动率高、福利待遇差等问题。教师流动率高，意味着教师不能长时间、全身心地投入到教育工作中去，也就谈不上所谓的对于流动儿童的"关心与支持"。因此，对于学校负责人而言，要充分承担起应有的社会责任，将流动儿童的利益放在首位，其次才能考虑经济效益问题。

由于在周末或假期期间，流动儿童父母忙于打工而无暇顾及孩子，因此，学校层面可以在课余、周末、假期时间，开展一些多样化的课外活动或社团活动，鼓励流动儿童积极参与，充实流动儿童的日常生活，扩大流动儿童的交往范围，密切流动儿童与社会的联系。

3. 家庭教育

流动儿童心理发展和社会适应与家庭教育存在密切的关系。不良的父母教养方式或家庭氛围可强化流动儿童的问题行为，如采取打骂、训斥等简单粗暴的教育方式会使流动儿童的问题行为进一步得以加强；而消极的父母期望可以降低流动儿童学习适应状况，如部分流动儿童父母对子女的要求和期望不高，甚至觉得小学或初中毕业即可，这种消极的父母期望会打击流动儿童的学习积极性，导致他们失去学习目标，降低学习兴趣，进一步降低其学校适应状况。因此，流动儿童心理发展和社会适应的干预不能缺少来自家庭的关爱和教育。

通过政府、学校、社区和社会力量的投入，可以共同帮助流动儿童父母改善不良的教养方式，尤其是父母的批评、拒绝和惩罚等方式，培养父母情感温暖和关爱的教养方式，树立关心孩子学习、督促孩子学习、鼓励孩子进步的意识，让流动儿童体验到更多的社会支持；加强流动儿童父母与学校之间的沟通，及时了解孩子在校期间的情况，也让学校老师了解孩子的家庭生活状况，增强双方的沟通与合作，及时处理解决孩子的各种问题；政府、社区和社会公益组织可以在流动人口较为集中的城市社区开办一些公益性质的流动儿童家长学校，组织一批相对固定和专业的教师，定期或不定期到这些学校对流动儿童的家长进行集中的免费培训，引导流动儿童家长重视对孩子的教育，帮助他们认识家庭教育对于儿童成长的重要性，给他们传授一些与孩子沟通和交流的方法与技巧，分享孩子成长的心得体会，解答他们在教育孩子过程中的疑惑，从而为流动儿童的健康发展创造良好的家庭环境。

4. 社区服务

社区是流动儿童生活的重要环境，在促进流动儿童心理发展和社会适应方面，社区服务也必不可少。社区应成立流动儿童关爱领导小组，由教育、卫生、劳动保障、民政、公安等机构抽派人员共同组建，统筹社区流动儿童的相关事务，积极创建安定、和谐的校园外和社区氛围，避免流动儿童遭受校外人员的骚扰和欺负，增强安全感；社区应积极营造关爱流动儿童的社会环境，打造安全、可信任的社会氛围，呼吁社区居民，尤其是流动儿童的左邻右里，共同为流动儿童及其家庭提供力所能及的援助、支持和鼓励；社区可组织开展丰富多彩的集体家庭娱乐活动，丰富流动儿童的城市日常生活，构建社会层面的社会支持网络；同时，社区可以与高校大学生团体、社会公益组织等机构联动，将政府组织与非政府组织相互结合、优势互补，积极为志愿者开展帮扶活动提供支持和便利条件；充分发展社区的教育职能，利用社区教育资源，开办流动儿童"家长学校"，邀请专家、学者和社会公益人士举办家庭教育讲座，传播家庭教育知识，举办亲子活动，加强父母、邻居与流动儿童的沟通与交流。

第十章 城市流动儿童访谈研究

一、前 言

质性研究方法是社会科学研究的重要方法之一,"它是以研究者本人作为研究工具,在自然情境下,采用多种资料收集方法,对社会现象进行深入的整体性探究,从原始资料中形成结论和理论,通过与研究对象互动,对其行为和意义建构获得解释性理解的一种活动"①。与定量研究不同,质性研究更适合于深入研究某一问题,以便于了解事物的复杂性。从我国已有研究现状来看,"采用质性研究方法对流动儿童城市适应状况及过程进行研究更为适宜"②,但由于目前学界有关流动儿童的研究多是量化研究,如果采用质性研究方法,不但有助于发现量化研究没有涉及的问题,更有助于验证量化研究的结果。因此,对流动儿童心理发展和社会适应问题开展质性研究,具有非常积极的意义。

对我国流动儿童质性研究进行文献检索,结果发现研究成果相对较少。张秋凌、屈志勇和邹泓(2003)较早对北京、深圳、绍兴、咸阳四地的流动儿童进行了访谈,结果表明,城市环境给流动儿童的发展带来了很多有利因素,但流动儿童入学难、升学难、受歧视现象普遍存在,大城市流动儿童的处境令人担忧。李晓巍和邹泓等人(2008)对流动儿童歧视知觉的产生机制进行了质性研究。刘杨和方晓义等人(2009)采用质性研究方法对流动儿童

---

① 陈向明:《教育行动研究中如何使用质的方法(一)》,《基础教育课程》,2005(4):25-27页。

② 刘杨,方晓义,蔡蓉等:《流动儿童城市适应状况及过程——一项质性研究的结果》,《北京师范大学学报(社会科学版)》,2008(3):9-20页。

城市适应状况及过程进行探讨，结果认为，流动儿童在城市适应过程中会经历四个发展阶段：兴奋与好奇、震惊与抗拒、探索与顺应、整合与融入。梁子浪和王毅杰（2011）以 63 份访谈资料为主要参照，对流动儿童的城市印象进行了研究，结果认为，大多数流动儿童对城市的物质环境适应较快，也比较羡慕城市人的生活方式，部分流动儿童对城市中冷漠的社会环境感受强烈，对自身群体的评价优劣参半。张巧玲、张曼华和刘婷（2013）对北京市流动儿童的心理需求进行了质性分析，结果发现，流动儿童对宏观环境的积极感受多于消极感受，但在微观环境上的消极感受要多于积极感受。同时，还有部分硕士和博士论文采用量化研究和质性研究相结合的方法，对流动儿童的相关问题进行了分析和探讨。但总体来说，已有关于流动儿童的质性研究成果偏少，这一领域还有待于研究者作出进一步的努力。

质性研究资料收集方法有多种，访谈是其中一种最为常用的方法。本研究拟进行访谈研究，使用归纳法分析资料，通过与流动儿童及教师的直接互动，更深入地理解流动儿童心理与行为的意义，探究流动儿童心理发展和社会适应的整体现象。

二、研究方法

（一）被试选取

从贵阳市四所学校的小学六年级和初中一年级随机选取 8 名流动儿童（每所学校 2 名）作为访谈对象，包括 4 名小学生、2 名初一学生和 2 名初二学生；4 名公办学校就读的流动儿童和 4 名打工子弟学校就读的流动儿童，其中男生 2 名，女生 6 名。被试选取的标准是由班主任老师随机抽取。

在选取流动儿童的同时，本研究还选取 2 名教师进行访谈，包括 1 名公立学校教师和 1 名打工子弟学校老师，均为女性，选取的标准均是随机抽取流动儿童所在班级的班主任。

（二）访谈与编码

1. 访谈提纲

在对流动儿童研究文献进行分析的基础上，本课题组成员经过反复讨论和修改，设计了半结构式的访谈提纲，并针对流动儿童心理发展和社会适应问题做了粗略的分类，为访谈提供一个大致的线索。访谈问题分为流动儿童和教师两个版本。

流动儿童的正式访谈主要包括以下问题：

（1）来贵阳有多长时间？喜欢贵阳这个城市吗？（为什么？）

（2）喜欢现在的学校吗？（如果在老家上过学，比较两边学校的不同）

（3）喜欢学校里的老师吗？（如果在老家上过学，比较两边学校的不同）

（4）你有几个要好的朋友？平时感觉孤独吗？

（5）有没有和贵阳本地的同学交往？（交往密度）

（6）平时父母是否经常关心你？你觉得你和他们的关系如何？

（7）你对父母有什么期望？

（8）在家里遇到困难的时候，比如父母或你生病的时候，有其他人帮助你们吗？

（9）来到贵阳之后，有什么让你特别开心或者特别不开心的事情？

（10）现在，你有什么最担心的事情吗？

（11）有人说逆境促人奋发向上，逆境中的人更容易获得成功；也有人说逆境打击人，会使人一蹶不振。你怎么看待？你是哪种类型的人？

（12）在生活或者学习中遇到问题一般会找谁解决？为什么？

（13）你怎么评价你自己？（优缺点）

（14）你对未来学习、生活有什么打算？

教师的访谈主要包括以下问题：

（1）总体上，你觉得流动儿童在学习上有什么特点？

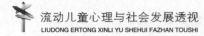

（2）流动儿童的学校表现、课堂表现如何？

（3）流动儿童和老师的关系如何？

（4）流动儿童和其他同学的关系如何？

（5）流动儿童对自己的认识和期望如何？

（6）流动儿童的家长能不能配合（支持）学校的教育？

（7）你觉得流动儿童教育面临最大的问题是什么？

（8）这些问题该如何解决？你有什么好的建议？

在访谈过程中，访谈者根据访谈的实际进展情况提出以上问题，确保访谈过程的流畅性和自然性。此外，当被试在访谈中说出另外有价值的信息时，访谈者运用追问技术以获取额外信息。在整个访谈过程中，主要让被试描述问题、解释问题和说明问题。

2. 访谈实施

访谈由项目组的两位成员承担，一位成员负责对 8 名流动儿童的一对一访谈，另一位成员负责对 2 名教师的一对一访谈。访谈之前，访谈者均接受了训练，规范了访谈的实施过程和注意事项。

访谈地点均设在每所学校所提供的独立办公室，要求环境尽量安静、无其他人在场。在征得被试同意的情况下，正式访谈开始时，使用录音笔进行录音，访谈结束后由访谈者将录音逐字逐句转化成电子文档，随后进行编码分析和质性内容分析。

3. 编码分析

对所有的转录文件，我们运用 Nvivo10 软件进行质性内容分析。在编码之前，项目组成员首先阅读了所有转录文件，随后根据本课题的研究主题和阅读过程中的思考，我们最后确定了分析的主题：（1）流动儿童的社会适应（包括城市印象、学校印象、师生关系、同伴关系和学习特点五个主题）；（2）流动儿童的社会支持（包括亲子关系、他人支持两个主题）；（3）流动儿童的心理发展（包括自我评价、积极认知和未来规划三个主题）。确定主题之后，项目组进一步对每个主题下的原始数据进行阅读，然后对原始数据进行分级编码，最后进行频率计算和分析。

三、研究结果与分析

（一）流动儿童的社会适应

本部分主要考察流动儿童对城市的总体印象、学校适应、师生关系和同伴关系等四个方面的内容。

1. 流动儿童的城市印象

在被访谈的 8 位流动儿童中，有 7 位儿童表示自己比较喜欢贵阳这座城市，喜欢的原因有多种，他们大多认为贵阳市在气候、交通、饮食、自然环境和人文环境等方面比老家好，"夏天不是很热，冬天也不是很冷。""空气很好，环境也很好，还有我很喜欢的同学。""因为这边天气很好，小时候又在这里长大，习惯了。有一次回老家去，就不习惯那边了。""我觉得这里有很多很多好玩的。""这里吃的也比乡下要好，吃各种各样的东西。""乡下的路坑坑洼洼的，现在贵阳都是水泥路啊。"只有 1 位儿童表示不太喜欢贵阳这座城市，认为环境污染较重，且城市居民不太友好，"有时候外面的垃圾被风一吹就贴到脸上，车子也太多了，汽车尾气一闻到就想吐，有时候狗会无缘无故地在你家门口，还有从楼下走，楼上会丢垃圾下来砸到你。"

总体来看，流动儿童对于城市的总体印象较好，态度也比较积极，他们生活在城市，在耳濡目染中感受到了城市生活的便利和优势，绝大多数流动儿童还是愿意留在城市，这对于流动儿童的城市适应有着积极的意义。

2. 流动儿童的学校印象

8 名受访的流动儿童均表示比较喜欢城市里的学校，但喜欢的原因稍有不同，8 名儿童都提及了老师的原因，认为城市里学校的老师要求比较严格、比较认真负责，"这里管人都还是挺严格的，老师对我们也很认真。""这边老师也很严格，什么都很严格，然后学习成绩就有所提高了。""这里老师教的要比老家的老师仔细、认真一点，老师讲课的时候会很仔细地一个方面一个方面地跟我们讲清楚，不懂的地方，他会耐心地跟我们说，而老家的老师管得没有那么紧，学生想干什么就干什么。""我觉得这里的老师比较负责，对学生也比较好，同学之间互助友爱。"有四位流动儿童提到了环境的原因，其中一位打工子弟学校的流动儿童认为现在的学校环境不如老家，"环境方面虽然没有老家的好，但是我觉得在这里学习很快乐"一位公立学校的流动儿童和两位打工子弟学校的流动儿童认为现在的学校环境比老家好，"以前在老家读的学校是拿泥土盖的，这里是拿砖砌的。老家学校的门是用木头做的，板凳就是普通的小木板凳，这里的板凳也是木板凳，但是比老家的好看。这里的学校好，有树，有乒乓球台，有操场，有篮球架，而且还要做广播体操，还有护眼的眼保健操。""现在的学校环境比老家的好一点。""这里的污染没有我们小时候就读的学校严重，因为小时候，我们老家的学校那边有卖东西的，小孩又特别喜欢吃，经常买，学校到处都是垃圾，每天下午都要打扫。现在的学校还好，很少见到垃圾，只是有一些灰尘而已。"同时，还有 4 位流动儿童提到了城市里学校的人际关系氛围较好，"这里的人挺好相处的。""同学之间有更多的交流。""这里有很照顾我的老师，跟同学交流的时候也很积极。"

总体而言，相比贵州省农村地区的学校，流动儿童更加喜欢城市里的学校环境。大部分流动儿童对城市里的学校比较满意，满意的原因是学校氛围比较好，老师比较负责，同学关系比较融洽。

3. 流动儿童的师生关系

师生关系是流动儿童学校生活的重要组成部分，同时也是流动儿童学校适应的体现之一。

在受访的 8 名流动儿童中，不管是就读于公立学校还是打工子弟学校，他们都比较喜欢目前学校里的老师，表现出较为融洽、和谐的师生关系。"我们这里的老师不管你是成绩好还是成绩差，他都非常喜欢你，但在老家的话，可能是成绩差的原因，他就对你不是很好。""我觉得吧，这个学校的老师与我们老家的老师还是有所不同的。小的时候特别调皮，老师就经常会对我们凶。现在长大了，老师一犯错就对我们进行教育而不是对我们凶。""教我们的老师非常好，比如说，老师讲课的时候会很仔细地一个方面一个方面地跟我们讲清楚，不懂的地方，老师会耐心地跟我们说。""比如我们老师吧，他下课就和我们谈心、讲笑话，他的教学方式很特别。"两位受访的老师也表达出类似的观点，其中一位公立学校流动儿童的班主任老师认为，大多数流动儿童与老师的关系比较融洽，只有个别流动儿童比较难以管理，"和老师的关系，反正有些同学不太重视学习，也不太敢去问老师问题，胆子比较小，但是相反，有些同学就比较极端，因为家里面不管他，而他的脾气性格也比较暴躁，他不和老师有接触，老师问他什么，他也不讲，如果老师批评他，他就会顶嘴。但这是少数学生，绝大多数学生基本上还能够分得清老师虽然是批评他，但是是为他好。大多数学生还是能够体验到老师是为他好，但少部分学生还是比较调皮。比如说一些男孩子在家比较受宠，有一些不好的行为习惯，老师管理起来也非常吃力。"一位打工子弟学校的班主任老师认为，95% 以上的流动儿童和老师相处得比较好，也比较重感情，"这些孩子和老师相处得比较好。能在民办学校留下来的老师，已经能接受这种教学环境和这样的学生素质，因此，他们用的方法比较适合这些娃娃，而这些娃娃也愿意和老师接触。这些学校的老师很少有贫富的观念，对娃娃都是一视同仁。并非你知识渊博你就能教出好学生，关键是你能不能用心去教，如果你用心去教，那么学生就愿意听你的，他觉得这个老师是对他好。所以，大多数同学和老师的关系是比较融洽的。个别逆反的，就是在家里面父母都不管的这种，甚至没法管那种，确实有点难管。老师讲的他不听，或者他和老师争辩。这些娃娃很重感情，出了学校门以后，他能感受到当初老师是为他好，所以他还是打从心底里感激老师，哪怕是打他、骂他，他也觉得是对他好。毕业以后，他们仍然对老师很尊敬。特别是这些初中毕业的学生，过了两年三年还会想回到学校看老师。这些娃娃总的来说还是重感情。"

　　总体上，流动儿童与老师的关系比较融洽，虽然也会遇到一些父母疏于管教而难以管理的儿童，但老师在长期的教学过程中，已经掌握了如何与流动儿童相处的方法和技巧，这使得双方对师生关系均比较满意。

4. 流动儿童的同伴关系

同伴关系是促进流动儿童学校适应的重要资源，对于流动儿童的社会适应有着积极的意义。

所有受访的 8 名流动儿童都表示自己的同伴关系较好，并不会感到孤独或孤单。好朋友的数量从三四个到十几个不等，平时主要在一起学习或玩耍，"平时在一起，打乒乓球，打羽毛球，丢沙包。""一起写作业，共同讨论那些不会的题目。""我是初一才转来这里的，那个时候，我就觉得自己腼腆，来到这里我一句话也不说，但是他们都会主动来找我玩，和我交朋友，然后我就逐一地慢慢认识，刚开始我认为我根本就交不到朋友，但是没想到我交了很多很多的好朋友。"公立学校的流动儿童也经常和贵阳市本地的同学交往，交往的对象并无明显的地域特征。一位公立学校流动儿童的班主任老师认为，整体上，流动儿童与本地儿童之间的关系较好，"他们相处得还可以，只要不是太内向，不是行为举止特别差的那种，学生还是能够包容你，帮你融入这样一个集体。"一位打工子弟学校的班主任老师认为，由于流动儿童的生活经历、家庭条件比较相似，相互之间共同话题较多，因此，流动儿童之间的同伴关系也比较融洽，"总的来说，相互关系还是好的。因为生活的层次是一样的，环境是一样的，各方面情况都差不多，相处还算融洽。比如说有什么困难，还是懂得帮助的，哪怕是成绩不好的学生。打个比方，班上哪个娃娃有困难，或班上有事情，他都会站出来，能为班集体着想，为（其他）娃娃着想，这一点还是可以的。就是自私这种心态，这种学校，很少，很少。因为他们都来自大家庭，家里都有兄弟姐妹，大多是一个家族来到贵阳打工，大家互相帮助，在这种大家庭的熏陶下，他们没有私心，互相帮助还是有的，不管成绩好坏的娃娃，在这方面都还是可以的。"

综合来看，不管是在公立学校还是在打工子弟学校，流动儿童的同伴关系都比较和睦。流动儿童的师生关系和同伴关系较好，这一结果刚好有助于验证有关流动儿童孤独感的量化研究结果，即流动儿童与本地儿童的孤独感并无显著差异。

5. 流动儿童的学习特点

对于儿童而言，学习活动是他们重要的任务之一，受访的两位流动儿童班主任均表示流动儿童的学习特点比较独特，全靠自觉或老师的监督，父母基本不管或没有时间和精力去管。一位公立学校流动儿童的班主任老师认为，流动儿童的学习习惯相对较差，"流动儿童有一个特点，就是父母可能不是当地的，为了谋生，很多父母进城务工，或者是做生意，或者待在家里没有工作，他们不是很关心自己的孩子，不像当地的居民户一样，回家管管孩子的作业或是其他方面，他不管，有些父母甚至认为把孩子放到学校里来，就是老师的事情，不是父母的事情，有人给看着就行了，只要不出去惹事就行。在这种环境下成长的学生大多学习习惯不是很好，主要是家长疏于监督，而小学也是在非正式的小学，也就是私立的小学读书，老师的要求也不是那么高，所以说他的很多行为习惯、学习习惯等都比较差。"虽然流动儿童的父母也能够配合公立学校的教育，但流动儿童父母的教育观念存在一定的问题，觉得教育孩子是学校和老师的事情，与自己的关系不大，"就我们班和我带的学生而言，基本上都可以配合（学校教育），只是家长的能力有高有低。比如说，我让学生回家去找家长签字或是检查作业，家长可能不懂，马上就说明：我不懂，没有办法给他检查。我们的要求是：家长能够督促学生认真地、整洁地完成作业，然后签上名字就可以了。文化水平稍高一点的学生家长，就要求学生把作业拿给家长检查，他们偶尔也会打电话来问一下，说我把孩子交给你们了，请老师严格督促。但是我觉得家长疏忽了一点，就是在学校里，老师是可以去管理，但是在家里面，学生写作业也好，生活也好，还是以家长管理为主，如果要想把孩子培养成才，需要老师和家长共同努力。"

一位打工子弟学校的班主任老师认为，流动儿童的父母疏于管教是导致上述现象的主要原因之一，"总体来说，最大的学习特点就是全靠自觉，因为他们的父母打工、做生意都是早出晚归，而且姊妹相对来说一个的很少，都是两个以上，学习基本上是没人管的，全靠自觉。回家以后自己做作业，更多是在学校依赖老师，比如说难题讲解啊，或者说作业没完成啊，这些都依靠老师。有时候父母连检查的时间都没有，所以说全靠自觉。就是你想父母辅导、监督，这种有，但是太少了，可能就是一百个学生中有两三家、四五家有这种条件，其他全是靠自己自觉。"

从结果来看，流动儿童社会适应的整体状况较好，在对城市的总体印象、学校印象、师生关系和同伴关系等方面均表现得比较积极，只是在学习方面的表现相对消极，流动儿童父母的教辅能力很弱。因此，加强流动儿童的家庭教育很有必要。

（二）流动儿童的社会支持

本部分主要考察流动儿童亲子关系、他人支持等两个方面的内容。

1. 流动儿童的亲子关系

接受访谈的 8 名流动儿童均表示自己和父母的关系比较好，父母也比较关心自己，关心的问题主要是学习和生活两个方面，关心的方式主要是询问。"我每天回家，他会问我的作业做完没有，有时候天气凉了，问我穿衣服啊，冷不冷这些，早上的时候问我。""我回家晚，他们会问，学习方面他们也会问。"关于父母对待自己的方式，有 4 位流动儿童认为是权威型，"平时我一做错事妈妈就打我，但我觉得还是我错了，我就会去改正。"有 4 位流动儿童认为是友好型，"和他们就像朋友一样进行交谈。比如说今天我和弟弟听到了一个新的笑话，写完作业之后就会和他们一起分享我们的快乐。"

在谈到自己对于父母的期望时，有 3 位流动儿童希望自己的父母身体好、健康快乐，"期望他们的身体能好一些，就是我最大的幸福了。"有一位流动儿童希望父母平时多鼓励自己，少批评自己，"在我考试考不好的时候，他们可以经常鼓励我一下，因为考试考不好他们总是非常严厉地批评我，我希望他们多鼓励我一下。"有一位流动儿童希望父母能够和睦相处，还有一位流动儿童希望父母不要太辛苦，另外两位流动儿童对父母没有什么期望。

总体上，流动儿童与父母之间的亲子关系较好，认为友好型和权威型的各半，流动儿童父母对孩子的教育辅导能力普遍较弱，家庭教育资源有限。部分流动儿童已经能够体会到父母身体的劳累和工作的艰辛，希望父母身体健康、工作不要太辛苦，这种情况能够促进亲子关系的融洽。

2．流动儿童的他人支持

在生活方面，除父母支持之外，在被访的 8 名流动儿童中，有 5 位流动儿童提到来自于亲戚的支持，认为亲戚的支持比较重要，"觉得有的亲戚真的是一个特别好，特别好的朋友。"另外 3 位流动儿童由于没有亲戚在城市或相距较远，因而没有提到亲戚的支持。有 4 位流动儿童提到了来自朋友的支持，"在和朋友的交往之中，也许朋友觉得我是对的，这对我是一种安慰。""有时候不方便告诉爸爸妈妈的事就告诉朋友。"只有一位流动儿童提到了来自于老师的支持，"小学的时候教我数学的杨老师，也是我的班主任，他人特别好，那时候我爸妈在外工作，我外公去世了，他们都回去了，而我要读书，我妈就让我留下待在学校，杨老师经常关心我，还拿钱给我买饭。"

在学习方面，被访的 8 名流动儿童中，有 6 名流动儿童都提到了老师的支持，"在学习中，首先选择的是老师，因为老师毕竟是传授知识给我们，我们有些题不懂可以去问他。""我们的班主任黄老师特别善解人意，你只要去问他，不管是最难的还是最简单的那种，最简单的他会逗你玩一下，最难的他会很严肃地教你。"有 5 名流动儿童提到了同学或朋友的支持，"第二个应该就是同学吧，有些题可能自己做不出来，但也不是很难，可以去问同学，同学可能会帮你。""在学习上的事情可以找老师，一些小问题也可以找朋友一起解决。"

总的来看，流动儿童社会支持的来源相对较少，社会支持水平

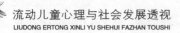

较低。除父母支持之外，只有来自于亲戚、老师和同学（朋友）等三个群体的支持，且流动儿童能够感受到以上三个群体的支持并不多。

（三）流动儿童的心理发展

本部分主要考察流动儿童的自我评价、积极认知和未来规划等三个方面的内容。

1. 流动儿童的自我评价

在受访的 8 名流动儿童中，当被问及自己有哪些优点时，有 4 名流动儿童认为自己没有什么优点，"我认为我没有优点。""我找不到什么优点。"有两名流动儿童认为自己比较包容或宽容，喜欢交朋友，"我觉得我比较喜欢和人交朋友。"有一名流动儿童认为自己体贴，"我很关心家人、朋友。"有一名流动儿童认为自己热情，"对朋友特别热情，不管是谁有困难，总之会想办法去帮助他。如果确实帮助不了，那我只能让我爸爸妈妈帮助我一起想办法。"

当被问及自己有哪些缺点时，有两名流动儿童提到自大和骄傲，"有时候有点自大，不把别人放在眼里面。"有两名流动儿童提到小气和自私，"我觉得我有时候有点自私，比如说一些题我做出来了，但是和其他同学分享时，我却不想告诉他们。"有两名流动儿童提到粗心，"我很粗心，老师说我很粗心，很多老师都说我很粗心，有的时候我和人家开玩笑，也会把人家弄哭了。"有两名流动儿童提到懒惰，"我觉得我还是很懒惰，每天我回家，我妈妈叫我做的第一件事就是写作业，可是我还是拖，做啊做啊做还是做到很晚，等我做完作业来找他们时，他们都已经干完活了。""爸爸妈妈很忙的时候，都没有去帮他们做点事。还有的时候，爸爸妈妈上街买菜，提了很多东西，但我却没有去帮忙，看到了也没帮忙。"有一名流动儿童提到自己胆小、腼腆，"在一个新的环境里面会觉得，我不认识这里的人，我很害怕见到这里的人，总之会特别腼腆，总是会害怕去面对，到一个陌生的环境，总是会害怕去做这样，去做那样。总是觉得，如果我做得不好的话别人都会笑话我。"有一名流动儿童提到自己的沟通方式不好，和别人没有共同语言，"和同学沟通的方式不好，找不到共同语言。"还有一名流动儿童认为自己爱玩，喜欢打架，"我的缺点就是爱玩，喜欢打架，有时候上课不听讲。人家踩了我一脚，我也要去踩他一脚。"

总体上，流动儿童对自己的评价相对消极，有 1/2 的儿童看不到自己身上的优点，但却比较容易指出自己身上的缺点，或认为优点较少，而缺点较多。人格的发展状况存在着一定的不足和消极之处，有待于父母、老师和学校进一步引导和加强。

2. 流动儿童的积极认知

对于在逆境中或遇到困难时应当如何采取行动，受访的 8 名流动儿童均一致认为，应当在逆境中选择奋发向上，而不是一蹶不振。"我觉得逆境可以让人成长。""我觉得逆境会帮助人成长。因为人在经历过许多困难之后知道去拼搏，知道冷静下来去思考问题，这对一个人的成长非常有利。""我觉得在逆境中奋发向上，能让我们学会更多的知识，更加了解生活。"

当被问及自己属于哪一种类型时（奋发向上或一蹶不振），有 6 名流动儿童认为自己属于在逆境中奋发向上的类型，"我觉得，本身我们是打工子弟学校的学生，学校条件很差，所以我们应该很努力地学习，用成绩来报答父母。""当初在老家的时候成绩不怎么好，后来转到贵阳来上学，成绩慢慢地提了上来，后面又下降了，被同学们嘲笑。后来遇到了一位老师，他骂了我一顿，从此以后我好好学习，变成了班上的尖子生。"有两位流动儿童认为自己兼有两种类型，有时会奋发向上、努力进取，有时则会一蹶不振、停止不前。

可见，流动儿童对于逆境的看法均比较积极和乐观，能够认识到逆境与困难对于个人成长的积极意义，大部分儿童也会以实际行动去应对逆境与困难，已经具备了一定的心理韧性（弹性）。

3. 流动儿童的未来规划

关于自己的未来规划，在接受访谈的 8 名流动儿童中，有 5 位流动儿童说到要努力学习，听父母的安排，不辜负父母的期望。但应当注意到，他们这种学习规划的时限相对较短，或只针对眼前，"今年好好学习，考上一个好的初中。"缺乏长远的规划，如考大学或今后的职业问题均没有涉及。有一位流动儿童说到要学好电脑，日后出去打工，"我妈叫我好好学电脑，让我去那些大公司里面打工。"有一位流动儿童说到长大之后希望能够去环游世界，还有一位流动儿童表示自己没有规划。

　　总体来说，流动儿童对自己未来的规划比较模糊，缺乏长远的、明确的规划目标，对自己未来要做什么，要从事什么职业等问题，没有明确的想法。因此，家庭和学校加强流动儿童的远景规划教育很有必要。

四、研究结论

　　（1）本研究发现，流动儿童对于城市的总体印象较好，看法也比较积极；相比农村地区的学校，流动儿童更加喜欢城市里的学校环境。

　　（2）流动儿童的师生关系、同伴关系都比较融洽与和睦，老师和学生的人际资源促进了流动儿童对学校的认同和适应。

　　（3）流动儿童在学习方面的表现相对消极，学习习惯不良，流动儿童父母的教辅能力很弱。

　　（4）流动儿童社会支持的来源相对较少，社会支持水平较低。流动儿童从父母那里得到的社会支持较多，但从其他群体中得到的社会支持较少。

　　（5）流动儿童对自己的评价相对消极，多数流动儿童认为自己的优点较少，而缺点较多。

　　（6）流动儿童对于逆境的看法比较积极和乐观，能够认识到逆境与困难对于个人成长的积极意义。

　　（7）流动儿童对自己未来的规划比较模糊，缺乏长远的、明确的人生规划目标。

五、对策与建议

（一）提高农民工的收入水平，改善流动儿童的生活和教育状况

流动儿童的教育状况较差，尤其是打工子弟学校的流动儿童，这与其家庭收入偏低有很大关系。流动儿童父母多从事一些城市里最苦最累最危险的工作，但其收入水平却又是最低的。低收入使流动人口和流动儿童的选择面有限，公立学校门槛较高，部分儿童只能选择去打工子弟学校就读，这种情况造成他们无法真正融入到城市环境和城市文化之中。因此，提高流动人口的收入水平，有助于改善流动儿童的生活条件和受教育状况。

（二）构建流动儿童的社会支持体系，提高社会支持水平

流动儿童处于陌生的城市环境之中，亲戚较少，而学校、老师和同学之间的社会支持又比较有限，社区和社会力量的支持比较匮乏，造成流动儿童社会支持的来源较少，社会支持的水平较低，这给流动儿童心理发展和社会适应带来了一些消极影响。因此，要尝试构建流动儿童多元化的社会支持体系，寻求政府的政策支持，鼓励学校、社区和社会公益组织等多方机构的积极参与，如学校可以在课余、周末、假期时间，开展一些多样化的课外活动或社团活动，充实流动儿童的日常生活，扩大流动儿童的交往范围，密切流动儿童与社会的联系；社会公益组织的志愿者可以开展多样化的帮扶活动，为流动儿童提供课后辅导、阅读、艺术课程、户外拓展活动、夏令营、亲子活动和家庭教养等多元化的教育活动；社区可以开办"流动儿童之家"，购置课外书籍、电脑、钢琴、乒乓球、羽毛球、象棋等文体器材，为流动儿童提供一个安全稳定的学习、娱乐场所，丰富他们的业余生活。

（三）为流动儿童家长提供指导与培训，提高教辅能力

部分流动儿童在学习方面的表现比较消极，学习习惯不良，这与流动儿童父母的文化水平和教辅能力有着密切的关系。因为文化知识的欠缺，很多流动儿童父母缺乏正确的教育观念和方法，有的甚至盲目信奉传统的教养观念，不惜打骂孩子以促进儿童成长，部分流动儿童父母还将教育子女的希望寄托在学校和老师身上。因此，建议社区和学校在流动人口居住密集的区域开办"流动儿童家长学校"，定期举办流动儿童家长的教育讲座或培训，传授一些正确的教育思想和观念，提高流动儿童父母的教辅能力。

（四）加强流动儿童的远景规划指导，明确未来方向

流动儿童对自己的未来规划比较模糊，缺乏长远的、明确的人生规划目标，对自己未来的受教育目标和职业目标均没有清晰的认识，这与流动儿童平时所接受的学校教育和家庭教育有很大关系。流动儿童就读学校，特别是打工子弟学校，由于教育资源的限制，很少开展未来规划方面的教育课程，加之流动儿童父母对儿童的教育期望相对较低，造成流动儿童自身没有明确的未来发展规划，这对他们的学业发展可能会产生一定的负面影响。因此，学校和老师应当在学校课程体系中设置一些职业生涯教育方面的课程；父母也可以在日常生活中通过交流和沟通，有意培养和塑造流动儿童的职业愿景，鼓励他们对未来教育和职业发展方向进行思考和探索，树立长远的发展目标，并做好近期的发展计划，通过逐步完成近期计划来完成长远目标。

（五）培养流动儿童健全人格，提高自我评价

流动儿童对自己的评价比较消极，在谈到自己对自己的认识时，认为优点太少而缺点太多，这是流动儿童人格特点的一些表现。流动儿童的家庭条件、学习条件等方面都不如本地儿童，相比之下，

容易产生自卑心理。同时，来自于父母方面的鼓励和表扬较少，流动儿童很难发现自己身上的优点。因此，在家庭教育、学校教育中，父母和老师应该帮助流动儿童找到自己身上的闪光点，看到自己的优点和长处，从而增强他们的自信心，提高自我评价。在父母的教育方式上，多鼓励和表扬，少批评和嘲笑，有意识地塑造流动儿童良好的生活习惯、行为习惯和学习习惯，逐渐培养流动儿童的健全人格。

参考文献

外文类：

[1] AIKEN L S, WEST S G. Multiple Regression: Testing and Interpreting interactions [M]. Newbury Park, CA: Sage, 1991: 54-61.

[2] American Psychology Association (APA). The Road to Resilience: What is resilience? http://www.apa.org/helpcenter/road-resilience.aspx. 2011.7.

[3] AUERBACH R P, BIGDA-PEYTON J S, EBERHART N K et al. Conceptualizing the Prospective Relationship Between Social Support, Stress, and Depressive Symptoms Among Adolescents[J]. Journal of Abnormal Child Psychology, 2011, 39(4): 475-487.

[4] BRUNBORG G S. Core Self-Evaluations [J]. European Psychologist, 2008, 13(2), 96-102.

[5] CALLAGHAN P, MORRISSEY J. Social support and health: a review [J]. Journal of advanced nursing, 1993, 18(2), 203-210.

[6] CAUCE A M, FELNER R D, PRIMAVERA J. Social support in high-risk adolescents: Structural components and adaptive impact [J]. American Journal of Community Psychology, 1982, 10(4), 417-428.

[7] COBB S. Social support as a moderator of life stress [J]. Psychosomatic medicine, 1976, 38(5), 300-314.

[8] Dubois D L, FELNER R D, MEARES H, KRIER M. Prospective investigation of the effects of socioeconomic disadvantage, life

stress, and social support on early adolescent adjustment [J].
Journal of abnormal psychology, 1994, 103(3), 511-522.

[9]　EASTBURG M C, WILLIAMSON M, GORSUCH R, RIDLEY
C. Social support, personality, and burnout in nurses [J]. Journal
of Applied Social Psychology, 1994, 24(14), 1233-1250.

[10]　HERRMAN H, STEWART D E, DIAZ-GRANADOS N, et al.
What is resilience? [J]. Canadian Journal of Psychiatry, 2011,
56(5): 258-265.

[11]　JUDGE T A, BONO J E. Relationship of core self-evaluations
traits—self-esteem, generalized self-efficacy, locus of control,
and emotional stability—with job satisfaction and job performance:
A meta-analysis [J]. Journal of applied Psychology, 2001, 86(1),
80-92.

[12]　JUDGE T A, EREZ A, BONO J E, THORESEN C J. Are
measures of self-esteem, neuroticism, locus of control, and
generalized self-efficacy indicators of a common core construct?[J].
Journal of personality and social psychology, 2002, 83 (3),
693-710.

[13]　JUDGE T A, EREZ A, BONO J E, THORESEN C J. The core
self-evaluations scale: Development of a measure [J]. Personnel
psychology, 2003, 56(2), 303-331.

[14]　JUDGE T A, LARSEN R J. Dispositional affect and job
satisfaction: A review and theoretical extension [J]. Organizational
Behavior and Human Decision Processes, 2001, 86(1), 67-98.

[15]　JUDGE T A, LOCKE E A, DURHAM C C, KLUGER A N.
Dispositional effects on job and life satisfaction: the role of core
evaluations [J]. Journal of applied psychology, 1998, 83(1),
17-34.

[16]　JUDGE T A, LOCKE E A, DURHAM C C. The dispositional
causes of job satisfaction: A core evaluations approach [J].

Research in Organizational Behavior, 1997, 19: 151-188.

[17] KAMMEYER-MUELLER J D, JUDGE T A, SCOTT B A. The role of core self-evaluations in the coping process [J]. Jorunal of Applied Psychology, 2009, 94(1): 177-195.

[18] KINGERY J N, ERDLEY C A, MARSHALL K C. Peer acceptance and friendship as predictors of early adolescents' adjustment a cross the middle school transition [J]. Merrill-Palmer Quarterly, 2011, 57(3): 215-243.

[19] KOENIG L J, ABRAMS R F. Adolescent loneliness and adjustment: A focus on gender differences [M]. In Rotenberg K J, Hymel S (Eds), Loneliness in childhood and adolescence, New York: Cambridge University Press. 1999: 296-322.

[20] LAURSEN B P, FURMAN W, MOONEY K S. Predicting interpersonal competence and self-worth from adolescent relationships and relationship networks: Variable-centered and person-centered perspectives [J]. Merrill-Palmer Quarterly, 2006, 52(3): 572-600.

[21] MCCRAE R R, COSTA Jr P T. Personality trait structure as a human universal [J]. American psychologist, 1997, 52(5), 509-516.

[22] MERENÄKK L, HARRO M, KIIVE E, LAIDRA K, EENSOO D, ALLIK J, et al. (2003). Association between substance use, personality traits, and platelet MAO activity in preadolescents and adolescents [J]. Addictive behaviors, 2003, 28(8), 1507-1514.

[23] NETO F. Social adaptation difficulties of adolescents with immigrant backgrounds [J]. Social Behavior and Personality: an international journal, 2002, 30(4), 335-345.

[24] PERREIRA K M, ORNELAS I J. The physical and psychological well-being of immigrant children [J]. The Future of Children,

2011, 21(1), 195-218.

[25] PINKERTON J, DOLAN P. Family support, social capital, resilience and adolescent coping [J]. Child and Family Social Work, 2007, 12(3): 219-228.

[26] PODSAKOFF P M, MACKENZIE S B, LEE J Y, PODSAKOFF N P. Common method biases in behavioral research: a critical review of the literature and recommended remedies [J]. Journal of applied psychology, 2003, 88(5), 879-903.

[27] ROSOPA P J, SCHROEDER A N. Core self-evaluations interact with cognitive ability to predict academic achievement [J]. Personality and Individual Differences, 2009, 47(8), 1003-1006.

[28] SUN J, STEWART D. Resilience and depression in children: Mental health promotion in primary schools in China [J]. International Journal of Mental Health Promotion, 2007, 9(4): 37-46.

[29] TIMBREMONT B, BRAET C, DREESSEN L. Assessing depression in youth: relation between the Children's Depression Inventory and a structured interview [J]. Journal of Clinical Child and Adolescent Psychology, 2004, 33(1): 149-157.

[30] TWENGE J M, NOLEN-HOEKSEMA S. Age, gender, race, socioeconomic status, and birth cohort difference on the children's depression inventory: A meta-analysis[J]. Journal of Abnormal Psychology, 2002, 111(4): 578-588.

[31] URUK A C, DEMIR A. The role of peers and families in predicting the loneliness level of adolescent [J]. The Journal of Psychology: Interdisciplinary and Applied, 2003, 137(2): 179-193.

[32] WERNER E, SMITH R. Overcoming the odds: High-risk children from birth to adulthood [M]. New York: Cornell

University Press，1992: 156.

[33]　WINGO A P, WRENN G, PELLETIER T，et al. Moderating effects of resilience on depression in individuals with a history of childhood abuse or trauma exposure[J]. Journal of Affective Disorders，2010，126(3): 411-414.

[34]　WU Q, TSANG B, MING H. Social Capital，Family Support，Resilience and Educational Outcomes of Chinese Migrant Children [J]. British Journal of Social Work，doi:10.1093/bjsw/bcs1394, 2012.

中文期刊类：

[1]　白春玉，张迪，顾国家，杨旭. 流动儿童心理健康状况家庭环境影响因素分析[J]. 中国公共卫生，2013，29（2）.

[2]　曹薇，罗杰. 流动儿童校园欺负行为、父母教养方式与心理健康的关系研究[J]. 贵州师范大学学报：自然科学版，2013，31（3）.

[3]　陈陈. 家庭教养方式研究进程透视[J]. 南京师范大学学报：社会科学版，2002（6）.

[4]　陈丹群. 流动儿童父母教养方式的研究—以上海市某中学为例[J]. 太原师范学院学报：社会科学版，2009，8（5）.

[5]　陈美芬. 外来务工人员子女人格特征的研究[J]. 心理科学，2005，28（6）.

[6]　陈向明. 教育行动研究中如何使用质的方法（一）[J]. 基础教育课程，2005（4）.

[7]　崔丽霞，郑日昌. 中学生问题行为的问卷编制和聚类分析[J]. 中国心理卫生杂志，2005，19（5）.

[8]　戴双翔. 广州市教育规划研制中的流动儿童义务教育政策分析[J]. 教育导刊，2010（10）.

[9]　邓赐平，刘金花. 系统发展观：儿童社会化研究中的一个重要发展倾向[J].华东师范大学学报：教育科学版，2000（1）.

[10] 杜卫，张厚粲，朱小姝. 核心自我评价概念的提出及其验证性研究[J]. 心理科学，2007，30（5）.

[11] 杜建政，张翔，赵燕. 核心自我评价的结构验证及其量表修订[J]. 心理研究，2012，5（3）.

[12] 段成荣，梁宏. 我国流动儿童状况[J]. 人口研究，2004，28（1）.

[13] 范兴华，方晓义，刘勤学，刘杨. 流动儿童、留守儿童与一般儿童社会适应比较[J]. 北京师范大学学报：社会科学版，2009（5）.

[14] 高金金,陈毅文. 儿童孤独量表在1~2年级小学生中的应用[J]. 中国心理卫生杂志，2011，25（5）.

[15] 宫志宏. 独生子女问题研究的现状与进展[J]. 中国学校卫生，2000，21（6）.

[16] 谷长芬，王雁，曹雁. 父母教养方式与小学学业不良儿童孤独感的关系[J].中国特殊教育，2009（2）.

[17] 郭良春，姚远，杨变云. 公立学校流动儿童少年城市适应性研究—北京市 JF 中学的个案调查[J]. 中国青年研究，2005（9）.

[18] 侯舒艨，袁晓娇，刘杨，蔺秀云，方晓义. 社会支持和歧视知觉对流动儿童孤独感的影响：一项追踪研究[J]. 心理发展与教育，2011，27（4）.

[19] 胡宁，方晓义，蔺秀云，刘杨. 北京流动儿童的流动性、社会焦虑及对孤独感的影响[J]. 应用心理学，2009，15（2）.

[20] 胡韬，李建年，郭成. 贵阳市流动儿童社会适应状况分析[J]. 中国学校卫生，2012，33（9）.

[21] 胡月琴，甘怡群. 青少年心理韧性量表的编制和效度验证[J]. 心理学报，2008，40（8）.

[22] 黄万琪，周威，程清洲. 大学生社会支持及应对方式与心理健康水平分析[J]. 中国公共卫生，2006，22（2）.

[23] 蒋奖，鲁峥嵘，蒋苾菁，许燕. 简式父母教养方式问卷中文

237

版的初步修订[J]. 心理发展与教育，2010，26（1）.

[24] 李承宗，周娓娓. 流动儿童人格特征对心理健康的影响[J]. 中国健康心理学杂志，2011，19（1）.

[25] 李海华，王涛，刁光涛. 农民工子女的社会支持分析[J]. 中国特殊教育，2007（3）.

[26] 黎建斌，聂衍刚. 核心自我评价研究的反思与展望[J]. 心理科学进展，2010，18（12）.

[27] 李孟泽，王小新. 流动儿童自尊社会支持心理弹性的相关性分析[J]. 中国学校卫生，2013，34（8）.

[28] 李强. 社会支持与个体心理健康[J]. 天津社会科学，1998（1）.

[29] 李晚莲. 关于流动儿童社会支持问题的研究综述——基于社会学的视角[J]. 兰州学刊，2009（3）.

[30] 李小青，邹泓，王瑞敏，窦东徽. 北京市流动儿童自尊的发展特点及其与学业行为、师生关系的相关研究[J]. 心理科学，2008，31（4）.

[31] 李晓巍，邹泓，金灿灿，柯锐. 流动儿童的问题行为与人格、家庭功能的关系[J]. 心理发展与教育，2008，24（2）.

[32] 李晓巍，邹泓，王莉. 北京市公立学校与打工子弟学校流动儿童学校适应的比较研究[J]. 中国特殊教育，2009（9）.

[33] 李艳红. 父母教养方式与学习不良儿童孤独感的相关研究[J]. 中国学校卫生，2005，26（11）.

[34] 蔺秀云，方晓义，刘杨，兰菁. 流动儿童歧视知觉与心理健康水平的关系及其心理机制[J]. 心理学报，2009，24（10）.

[35] 刘凤瑜. 儿童抑郁量表的结构及儿童青少年抑郁发展的特点[J]. 心理发展与教育，1997，13（2）.

[36] 刘金，孟会敏. 关于布朗芬布伦纳发展心理学生态系统理论[J]. 中国健康心理学杂志，2009，17（2）.

[37] 刘俊升，周颖，李丹. 童年中晚期孤独感的发展轨迹：一项潜变量增长模型分析[J]. 心理学报，2013，45（2）.

[38] 刘平. 儿童孤独量表[J]. 中国心理卫生杂志，1999（增刊）.

[39] 刘霞. 个体和群体歧视知觉对流动儿童主观幸福感的影响[J]. 心理科学，2013，36（1）.

[40] 刘宣文，周贤. 复原力研究与学校心理辅导[J]. 教育发展研究，2004（2）.

[41] 刘杨，方晓义，蔡蓉，吴杨，张耀方. 流动儿童城市适应状况及过程——一项质性研究的结果[J]. 北京师范大学学报：社会科学版，2008（3）.

[42] 毛向军，王中会. 流动儿童亲子依恋及其对心理韧性的影响[J]. 中国特殊教育，2013（3）.

[43] 聂衍刚，林崇德，郑雪，丁莉，彭以松. 青少年社会适应与大五人格的关系[J]. 心理科学，2008，31（4）.

[44] 聂衍刚，郑雪，张卫. 中学生学习适应性状况的研究[J]. 心理发展与教育，2004，20（1）.

[45] 钱铭怡，夏国华. 青少年人格与父母教养方式的相关研究[J]. 中国心理卫生杂志，1996，10（2）.

[46] 曲晓艳，甘怡群，沈秀琼. 青少年人格特点与父母教养方式的关系[J]. 中国临床心理学杂志，2005，13（3）.

[47] 沈芳. 不同教育环境学龄前流动儿童心理行为问题及其相关因素分析[J]. 中国学校卫生，2011，32（3）.

[48] 申继亮，胡心怡，刘霞. 流动儿童的家庭环境及对其自尊的影响[J]. 华南师范大学学报：社会科学版，2007（6）.

[49] 孙懿俊. 流动儿童父母教养方式的研究—以上海市某中学为例[J]. 广东青年干部学院学报，2009，23（78）.

[50] 谭千保. 城市流动儿童的社会支持与学校适应的关系[J]. 中国健康心理学杂志，2010，18（1）.

[51] 唐峥华，林盈盈，刘丹，覃玉宇，吴俊端，等. 团体心理辅导对流动儿童心理干预效果的初步研究[J]. 广西医科大学学报，2013，30（3）.

[52] 田捷. 团体辅导对流动儿童孤独感的干预研究[J]. 成都师范

学院学报，2013，29（4）.

[53]	王丹阳. 公办学校中流动儿童学校适应性现状调查报告[J].
	上海青年管理干部学院学报，2008（4）.

[54]	王芳，师保国. 歧视知觉、社会支持和自尊对流动儿童幸福
	感的动态影响[J]. 贵州师范大学学报：自然科学版，2014，
	32（1）.

[55]	王君，张洪波，胡海利，陈琳，张正红，等. 儿童抑郁量表
	信度和效度评价[J]. 现代预防医学，2010，27（9）.

[56]	王锐敏，邹泓. 流动儿童的人格特点对主观幸福感的影响[J].
	心理学探新，2008（3）.

[57]	王雁飞. 社会支持与身心健康关系研究述评[J]. 心理科学，
	2004，27（5）.

[58]	王中会，蔺秀云. 流动儿童心理韧性及对其城市适应的影响[J].
	中国特殊教育，2012（12）.

[59]	王中会，罗慧兰，张建新. 父母教养方式与青少年人格特点
	的关系[J]. 中国临床心理学杂志，2006，14（3）.

[60]	王中会，周晓娟，Gening Jin. 流动儿童城市适应及其社会认
	同的追踪研究[J]. 中国特殊教育，2014（1）.

[61]	温忠麟，张雷，侯杰泰，刘红云. 中介效应检验程序及其应
	用[J]. 心理学报，2004，36（5）.

[62]	温忠麟，侯杰泰，张雷. 调节效应与中介效应的比较和应用[J].
	心理学报，2005，37（2）.

[63]	肖水源. 社会支持对身心健康的影响[J]. 中国心理卫生杂
	志，1987，1（4）.

[64]	肖水源.《社会支持评定量表》的理论基础与研究应用[J]. 临
	床精神医学杂志，1994，4（2）.

[65]	肖水源. 社会支持评定量表[J]. 中国心理卫生杂志，1999（增
	刊）.

[66]	谢子龙，侯洋，徐展. 初中流动儿童社会支持与问题行为特
	点及其关系分析[J]. 中国学校卫生，2009，30（10）.

[67] 许传新. 流动儿童子女公立学校适应性及影响因素研究[J]. 青年研究，2009（3）.

[68] 姚进忠. 农民工子女社会适应的社会工作介入探讨[J]. 北京科技大学学报：社会科学版，2010，26（1）.

[69] 姚梅玲，刘福珍. 父母教养方式与儿童人格特征相关研究[J]. 中国妇幼保健，2007，22（31）.

[70] 尹星，刘正奎. 流动儿童抑郁症状的学校横断面研究[J]. 中国心理卫生杂志，2013，27（11）.

[71] 余良，赵守盈，赵福艳. 流动儿童社会支持状况及其与人格的关系[J]. 贵州师范大学学报：自然科学版，2009，27（2）.

[72] 宇益兵，邹泓. 流动儿童积极心理品质的发展特点研究[J]. 中国特殊教育，2008（4）.

[73] 袁立新. 公立学校与民工子弟学校初中生流动儿童受歧视现状比较[J]. 中国学校卫生，2011，32（7）.

[74] 袁立新，张积家，苏小兰. 公立学校与民工子弟学校流动儿童心理健康状况比较[J]. 中国学校卫生，2009，30（9）.

[75] 袁晓娇，方晓义，刘杨，李芷若. 教育安置方式与流动儿童城市适应的关系[J]. 北京师范大学学报：社会科学版，2009（5）.

[76] 曾守锤. 流动儿童的社会适应：追踪研究[J]. 华东理工大学学报：社会科学版，2009（3）.

[77] 曾守锤. 流动儿童的社会适应及其风险因素的研究[J]. 心理科学，2010，33（2）.

[78] 曾守锤. 流动儿童的心理弹性和积极发展：研究、干预与反思[J]. 华东师范大学学报：教育科学版，2011，29（1）.

[79] 曾守锤，李其维. 儿童心理弹性发展的研究综述[J]. 心理科学，2003，26（6）.

[80] 张光珍，梁宗保，陈会昌，张萍. 2-11岁儿童问题行为的稳定性与变化[J]. 心理发展与教育，2008，24（2）.

[81]　张琦，盖萍. 某民工子弟学校流动儿童心理健康干预效果评价[J]. 中国学校卫生，2012，33（12）.

[82]　张巧玲，张曼华，来源，刘婷，石扩. 团体心理辅导对流动儿童的影响效果[J]. 中国健康心理学杂志，2013，21（9）.

[83]　张秋凌，屈志勇，邹泓. 流动儿童发展状况调查—对北京、深圳、绍兴、咸阳四城市的访谈报告[J]. 青年研究，2003（9）.

[84]　郑立新，彭金维，奚燕娟. 独生与非独生子女家庭父母养育方式的比较研究[J]. 中国儿童保健杂志，2001，9（3）.

[85]　郑友富，俞国良. 流动儿童身份认同与人格特征研究[J]. 教育研究，2009（5）.

[86]　周皓. 流动儿童心理状况的对比研究[J]. 人口与经济，2008（6）.

[87]　周皓. 流动儿童的心理状况与发展—基于"流动儿童发展状况跟踪调查"的数据分析[J]. 人口研究，2010，34（2）.

[88]　周皓. 流动儿童心理健康的队列分析[J]. 南京工业大学学报：社会科学版，2012，11（3）.

[89]　周文娇，高文斌，孙昕霙，罗静. 四川省流动儿童和留守儿童的心理复原力特征[J]. 北京大学学报：医学版，2011，43（3）.

[90]　朱清，范方，郑裕鸿，孙仕秀，张露，田卫卫. 心理韧性在负性生活事件和抑郁症状之间的中介和调节：以汶川地震后的青少年为例[J]. 中国临床心理学杂志，2012，20（4）.

[91]　邹泓，屈智勇，张秋凌. 中国九城市流动儿童生存和受保护状况调查[J]. 青年研究，2004（1）.

[92]　邹泓，屈智勇，张秋凌. 中国九城市流动儿童发展与需求调查[J]. 青年研究，2005（2）.

硕博论文：

[1] 崔娜. 初中生学习适应与自我概念的相关研究[D]. 重庆：西南大学，2008.

[2] 葛静霞. 父母教养方式与青少年心理健康的关系研究[D]. 长春：东北师范大学，2007.

[3] 葛娟. 学业不良儿童问题行为与社会支持的关系研究[D]. 北京：北京师范大学，2008.

[4] 郭龙. 儿童社交焦虑与父母教养方式、气质类型关系之探讨[D]. 曲阜：曲阜师范大学，2011.

[5] 胡慧. 武汉市流动儿童的孤独感状况及其影响因素研究[D]. 武汉：华中科技大学，2012.

[6] 梁嘉峰. 外来工子弟心理弹性对自尊、社会焦虑加工偏向的影响[D]. 广州：广州大学，2011.

[7] 刘迪. 城市流动儿童人格特征及其相关影响因素[D]. 呼和浩特：内蒙古师范大学，2013.

[8] 刘霞. 流动儿童复原力研究[D]. 成都：四川师范大学，2009.

[9] 裴林亮. 城市流动儿童社会适应的社会工作干预[D]. 南京：南京大学，2012.

[10] 王君. 中小学生抑郁症状现状及其认知行为干预研究[D]. 合肥：安徽医科大学，2009.

[11] 王莹. 对城市中流动儿童社会适应状况的考察与分析[D]. 郑州：郑州大学，2005.

[12] 席居哲. 儿童心理健康发展的家庭生态系统研究[D]. 上海：华东师范大学，2003.

[13] 席居哲. 基于社会认知的儿童心理弹性研究[D]. 上海：华东师范大学，2006.

[14] 张丽霞. 初中生社会支持对心理韧性的影响：一般自我效能感的中介作用[D]. 济南：山东师范大学，2012.

[15] 郑砚. 流动儿童社会适应状况研究[D]. 济南：山东大学，2012.

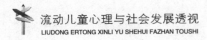

图书类:

[1] 林崇德，杨志良，黄希庭. 心理学大辞典：下[M]. 上海：上海教育出版社，2003.

[2] 彭聃龄. 普通心理学：修订版[M]. 北京：北京师范大学出版社，2004.

[3] 申继亮. 透视处境不利儿童的心理世界：上、下[M]. 北京：北京师范大学出版社，2009.

[4] 吴明隆. 结构方程模型[M]. 重庆：重庆大学出版社，2009.

报纸类:

[1] 李海秀. 留守儿童达 6000 万，流动儿童超 3500 万[N]. 光明日报，2013-5-16.

[2] 任朝亮. 三级辅导体系关注未成年人心理健康[N]. 广州日报，2013-8-26.

[3] 王琼. 公益组织携手合作，让流动儿童健康成长[N]. 北京晚报，2013-1-21.

[4] 黎蘅，林亦旻. 3 成流动儿童与父母每周相处不足 7 小时[N]. 广州日报，2013-5-28.

附 录

中小学生学习、生活状况调查问卷

亲爱的同学：

　　你好！非常欢迎你参与本次调查。

　　通过以下问题，我们想了解你生活、学习等方面的一些情况。每位同学的实际情况不一样，所以每一个问题都没有标准答案，请根据你的实际情况填写。如果有不知如何填写的题目，请问老师，千万不要乱填。我们会对你的回答完全保密，请你放心填写。

　　谢谢你的积极参与！

第一部分

　　填写方法：请填写你的基本信息，在选项上打"√"或在空白处填写答案。

　　1. 你是：　　① 男生　　　② 女生

　　2. 你上几年级：＿＿＿＿＿＿＿

　　3. 你的年龄是：＿＿＿＿＿＿＿＿岁

　　4. 你的学校名称是：＿＿＿＿＿＿＿

　　5. 你是独生子女吗：　　① 是　　　② 不是

　　6. 你的户口所在地是贵阳吗：　① 是　　　② 不是

　　7. 你来贵阳有几年了：① 不到一年　② 一年到三年
　　　　　　　　　　　　　　③ 三年以上　④ 从一出生就在贵阳

　　8. 你的家庭属于：① 单亲家庭　　② 再婚家庭

③ 正常家庭　　④ 不清楚

请检查以上 8 道题目是否全部完成，如果有漏题，请补充，并进行第二部分问题的回答。

第二部分

填写方法：下面有一些陈述或说法，你可能同意（符合），也可能不同意（不符合），请根据符合你情况的程度，在题后给出的 5 个选项中进行单项选择，并在相应的数字上打"√"。每题只能选一个答案。

题　目	完全不同意	比较不同意	不能确定	比较同意	完全同意
1. 我相信自己在生活中能获得成功	1	2	3	4	5
2. 我经常感到情绪低落	1	2	3	4	5
3. 失败时，我感觉自己很没用	1	2	3	4	5
4. 我能成功地完成各项任务	1	2	3	4	5
5. 我觉得自己对学习没有把握	1	2	3	4	5
6. 总的来说，我对自己满意	1	2	3	4	5
7. 我怀疑自己的能力	1	2	3	4	5
8. 我觉得自己对事业上的成功没有把握	1	2	3	4	5
9. 我有能力处理自己的大多数问题	1	2	3	4	5
10. 很多事情我都觉得很糟糕、没有希望	1	2	3	4	5

续表

题　目	完全不同意	比较不同意	不能确定	比较同意	完全同意
11. 学习时我经常心不在焉	1	2	3	4	5
12. 我会主动规划自己的学习时间	1	2	3	4	5
13. 我会认真地完成作业	1	2	3	4	5
14. 我对学习不感兴趣	1	2	3	4	5
15. 学习让我很有成就感	1	2	3	4	5
16. 失败总是让我感到气馁	1	2	3	4	5
17. 我很难控制自己的不愉快情绪	1	2	3	4	5
18. 我的生活有明确的目标	1	2	3	4	5
19. 经历挫折后我一般会更加成熟有经验	1	2	3	4	5
20. 失败和挫折会让我怀疑自己的能力	1	2	3	4	5
21. 我觉得与结果相比，事情的过程更能帮助人成长	1	2	3	4	5
22. 面临困难，我一般会制订一个计划和解决方案	1	2	3	4	5
23. 我认为逆境对人有激励作用	1	2	3	4	5
24. 逆境有时候是对成长的一种帮助	1	2	3	4	5
25. 面对困难时，我会集中自己的全部精力	1	2	3	4	5
26. 我一般要过很久才能忘记不愉快的事情	1	2	3	4	5
27. 我能够很好地在短时间内调整情绪	1	2	3	4	5
28. 我会为自己设定目标，以推动自己前进	1	2	3	4	5
29. 我觉得任何事情都有其积极的一面	1	2	3	4	5
30. 我情绪波动很大，容易大起大落	1	2	3	4	5

请检查以上 30 道题目是否全部完成，如果有漏题，请补充，并进行第三部分问题的回答。

第三部分

填写方法：请仔细阅读下面的问题，并逐项回答，请根据最符合你情况的程度，在题后给出的 5 个选项中进行单项选择，并在相应的数字上打"√"。每题只能选一个答案。

题 目	一直如此	经常如此	有时如此	偶尔如此	绝非如此
1. 在学校交新朋友对我而言很容易	1	2	3	4	5
2. 我喜欢阅读	1	2	3	4	5
3. 没有人跟我说话	1	2	3	4	5
4. 我跟别的孩子一块时干得很好	1	2	3	4	5
5. 我常看电视	1	2	3	4	5
6. 我很难交朋友	1	2	3	4	5
7. 我喜欢学校	1	2	3	4	5
8. 我有许多朋友	1	2	3	4	5
9. 我感到寂寞	1	2	3	4	5
10. 需要时我可以找到朋友	1	2	3	4	5
11. 我常常锻炼身体	1	2	3	4	5
12. 很难让别的孩子喜欢我	1	2	3	4	5
13. 我喜欢科学	1	2	3	4	5
14. 没有人跟我一块玩	1	2	3	4	5
15. 我喜欢音乐	1	2	3	4	5
16. 我能跟别的孩子相处	1	2	3	4	5
17. 我觉得在有些活动中受冷落	1	2	3	4	5

续表

题　目	一直如此	经常如此	有时如此	偶尔如此	绝非如此
18. 需要帮助时我无人可找	1	2	3	4	5
19. 我喜欢画画	1	2	3	4	5
20. 我不能跟别的孩子相处	1	2	3	4	5
21. 我孤独	1	2	3	4	5
22. 班上的同学很喜欢我	1	2	3	4	5
23. 我很喜欢下棋	1	2	3	4	5
24. 我没有任何朋友	1	2	3	4	5
25. 经常争论或争吵，甚至吵架或打架	1	2	3	4	5
26. 不爱听父母或老师的话	1	2	3	4	5
27. 容易嫉妒其他同学	1	2	3	4	5
28. 乱发脾气或脾气暴躁	1	2	3	4	5
29. 上课不专心，不喜欢遵守学校纪律	1	2	3	4	5
30. 破坏自己、他人的东西或公共财物	1	2	3	4	5
31. 经常上网或玩游戏	1	2	3	4	5
32. 经常抽烟或喝酒	1	2	3	4	5
33. 抄袭作业或考试作弊	1	2	3	4	5
34. 与其他同学攀比吃穿	1	2	3	4	5

　请检查以上 34 道题目是否全部完成，如果有漏题，请补充，并进行第四部分问题的回答。

第四部分

填写方法：根据你最近两周的实际感觉，请在最符合你情况的"（　）"内打"√"。每题只能选一个答案。

1.	我偶尔感到不高兴（　）	我经常感到不高兴（　）	我总是感到不高兴（　）
2.	我不能解决任何问题（　）	我能解决遇到的部分问题（　）	我能解决遇到的任何问题（　）
3.	我做任何事情都不会出错（　）	我做事情偶尔出错（　）	我做事情经常出错（　）
4.	我做许多事情有乐趣（　）	我做事情偶尔有乐趣（　）	我做任何事情都没有乐趣（　）
5.	我的表现一直都像个坏孩子（　）	我的表现经常像个坏孩子（　）	我的表现偶尔像个坏孩子（　）
6.	我偶尔担心不好的事情发生（　）	我经常担心不好的事情发生（　）	我总是担心不好的事情发生（　）
7.	我恨我自己（　）	我不喜欢我自己（　）	我喜欢我自己（　）
8.	所有不好的事情都是我的错（　）	许多不好的事情都是我的错（　）	少数不好的事情是我的错（　）
9.	我没有自杀想法（　）	我想过自杀但我不会去做（　）	我可能会自杀（　）
10.	我每天都感觉想哭（　）	我经常感觉想哭（　）	我偶尔感觉想哭（　）
11.	总是有事情干扰我（　）	经常有事情干扰我（　）	偶尔有事情干扰我（　）
12.	我喜欢和别人在一起（　）	我经常不喜欢和别人在一起（　）	我总是不喜欢和别人在一起（　）
13.	我遇到事情总是拿不定主意（　）	我遇到事情经常拿不定主意（　）	我遇到事情很容易拿定主意（　）
14.	我长得很好看（　）	我对自己的长相有些不满意（　）	我长得很丑（　）

续表

15.	我总是强迫自己去做作业（　）	我经常强迫自己去做作业（　）	我很容易完成作业（　）
16.	我每天晚上很难睡着觉（　）	我经常晚上睡不着觉（　）	我睡眠很好（　）
17.	我偶尔感到疲倦（　）	我经常感到疲倦（　）	我总是感到疲倦（　）
18.	我总是感到不想吃东西（　）	我经常感到不想吃东西（　）	我胃口很好（　）
19.	我不担心身体会疼痛（　）	我经常担心身体会疼痛（　）	我总是担心身体会疼痛（　）
20.	我感到不孤独（　）	我经常感到孤独（　）	我总是感到孤独（　）
21.	我总是感到上学没有趣（　）	我偶尔感到上学有趣（　）	我经常感到上学有趣（　）
22.	我有许多朋友（　）	我有一些朋友，但是我希望有更多朋友（　）	我没有任何朋友（　）
23.	我在学校的学习还不错（　）	我的学习比以前稍差（　）	我以前功课很好现在很差（　）
24.	我永远也不会像其他孩子那样棒（　）	如果我努力，我会像其他孩子一样棒（　）	我像其他孩子一样棒（　）
25.	没有人真正地爱我（　）	我不能确定有人爱我（　）	我确定有人爱我（　）
26.	别人要我做的事，我通常会做（　）	别人要我做的事，我有时会做（　）	别人要我做的事，我从来不做（　）
27.	我和别人相处得很好（　）	我有时和别人打架（　）	我经常和别人打架（　）

请检查以上 27 道题目是否全部完成，如果有漏题，请补充，并进行第五部分问题的回答。

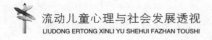

第五部分

填写方法：以下是有关父母教养方式的问题，每个题目答案均有 1、2、3、4 四个等级。请你努力回想，分别在最适合你父亲和母亲的等级数字上面打"√"。每题只能选一个答案。

注意：下面的问题分为父亲和母亲两栏，如果你生活在单亲家庭，可以只回答父亲或母亲一栏。

题　目	父　亲				母　亲			
	从不	偶尔	经常	总是	从不	偶尔	经常	总是
1. 父/母亲常常在我不知道原因的情况下对我大发脾气	1	2	3	4	1	2	3	4
2. 父/母亲赞美我	1	2	3	4	1	2	3	4
3. 我希望父/母亲对我正在做的事情不要过分担心	1	2	3	4	1	2	3	4
4. 父/母亲对我的惩罚往往超过我应受的程度	1	2	3	4	1	2	3	4
5. 父/母亲要求我回到家里必须向他/她说明我在外面做了什么事	1	2	3	4	1	2	3	4
6. 我觉得父/母亲尽量使我的青少年时期的生活更有意义和丰富多彩	1	2	3	4	1	2	3	4
7. 父/母亲经常当着别人的面批评我既懒惰又无用	1	2	3	4	1	2	3	4
8. 父/母亲不允许我做一些其他孩子可以做的事情，因为害怕我会出事	1	2	3	4	1	2	3	4

续表

题　目	父　亲				母　亲			
	从不	偶尔	经常	总是	从不	偶尔	经常	总是
9. 父/母亲总试图鼓励我，使我成为佼佼者	1	2	3	4	1	2	3	4
10. 我觉得父/母亲对我可能出事的担心是夸大的、过分的	1	2	3	4	1	2	3	4
11. 当遇到不顺心的事时，我能感到父/母亲尽量鼓励我，使我得到安慰	1	2	3	4	1	2	3	4
12. 我在家里往往被当作"替罪羊"或"害群之马"	1	2	3	4	1	2	3	4
13. 我能通过父/母亲的言谈、表情感受到他/她很喜欢我	1	2	3	4	1	2	3	4
14. 父/母亲以一种使我很难堪的方式对待我	1	2	3	4	1	2	3	4
15. 父/母亲常常允许我到我喜欢去的地方，而他/她又不会过分担心	1	2	3	4	1	2	3	4
16. 我觉得父/母亲干涉我做的任何一件事	1	2	3	4	1	2	3	4
17. 我觉得与父/母亲之间存在一种温暖、体贴和亲热的感觉	1	2	3	4	1	2	3	4
18. 父/母亲对我该做什么、不该做什么都有严格的限制而且绝不让步	1	2	3	4	1	2	3	4
19. 即使很小的过错，父/母亲也会惩罚我	1	2	3	4	1	2	3	4
20. 父/母亲总是左右我该穿什么衣服或该打扮成什么样子	1	2	3	4	1	2	3	4
21. 当我做的事情取得成功时，我觉得父/母亲很为我自豪	1	2	3	4	1	2	3	4

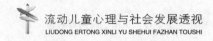

请检查以上有关父亲的 21 道题目、母亲的 21 道题目是否全部完成，如果有漏题，请补充，并进行第六部分问题的回答。

第六部分

填写方法：请按下面问题的具体要求，根据你的实际情况在相应的答案上打"√"。

1. 你有多少关系密切，可以得到支持和帮助的朋友？（只选一项）

    ① 一个也没有   ② 1~2 个

    ③ 3~5 个   ④ 6 个或 6 个以上

2. 近 1 年来你（只选一项）：

    ① 远离家人，且独居一室

    ② 住处经常变动，多数时间和陌生人在一起

    ③ 和同学或朋友住在一起

    ④ 和家人住在一起

3. 你与邻居（只选一项）：

    ① 相互之间从不关心，只是点头之交

    ② 遇到困难可能稍微关心

    ③ 有些邻居很关心你

    ④ 大多数邻居都很关心你

4. 你与同学（只选一项）：

    ① 相互之间从不关心，只是点头之交

    ② 遇到困难可能稍微关心

    ③ 有些同学很关心你

    ④ 大多数同学都很关心你

5. 从家庭成员得到的支持和照顾（在合适的框内打"√"，每行只选一项）

选 项	无	极少	一般	全力支持
A. 父母				
B. 兄弟姐妹				
C. 其他成员（如嫂子）				

6. 过去，在你遇到急难情况时，曾经得到的经济支持或解决实际问题的帮助的来源有：

　　① 无任何来源

　　② 下列来源（可选多项）：

　　A. 家人；　　　　B. 朋友；　　　　C. 亲戚；

　　D. 同学；　　　　E. 老师；　　　　F. 学校；

　　G. 社会热心人士或慈善组织；　　　H. 各级政府组织；

　　I. 其他（请列出）＿＿＿＿＿＿

7. 过去，在你遇到急难情况时，曾经得到的安慰和关心的来源有：

　　① 无任何来源

　　② 下列来源（可选多项）：

　　A. 家人；　　　　B. 朋友；　　　　C. 亲戚；

　　D. 同学；　　　　E. 老师；　　　　F. 学校；

　　G. 社会热心人士或慈善组织；　　　H. 各级政府组织；

　　I. 其他（请列出）＿＿＿＿＿＿

8. 你遇到烦恼时的倾诉方式（只选一项）：

　　① 从不向任何人倾诉

　　② 只向关系极为密切的 1~2 个人倾诉

　　③ 如果朋友主动询问你会说出来

　　④ 主动倾诉自己的烦恼，以获得支持和理解

9. 你遇到烦恼时的求助方式（只选一项）：

　　① 只靠自己，不接受别人帮助

　　② 很少请求别人帮助

③ 有时请求别人帮助

④ 有困难时经常向家人、朋友、老师求援

10. 对于团体（如团组织、少先队、学生会等）组织活动，你（只选一项）：

    ① 从不参加   ② 偶尔参加

    ③ 经常参加   ④ 主动参加并积极活动

请检查以上 10 道题目是否全部完成，如果有漏题，请补充。

最后，请从头到尾检查所有题目一遍，检查有无漏题。如有，请补充完整。

谢谢你的参与！

注：鉴于问卷在某些问题的表述上准确性欠缺，在不改变原意的情况下，编辑做了细微修改。

后　记

　　经过课题组全体人员一年的辛勤努力,贵州省社会科学基金(2013年度)一般项目"城市流动儿童心理发展与社会适应问题研究"按预期研究计划顺利完成,并于2014年9月通过了鉴定。本书便是在最终研究报告的基础上,依据鉴定专家所提出的意见修改完成的。

　　随着改革开放的深入,从20世纪80年代开始,我国社会流动人口的规模和范围开始急剧增大,据《光明日报》所发布的"全国农村留守儿童、城乡流动儿童状况研究报告"的数据显示,全国城乡流动儿童规模已达3 581万。大部分流动儿童仍沿袭农村的生活方式,又受到城市现代化的冲击,有的甚至还要受到某些歧视。给予城市流动儿童这一数量庞大的特殊群体关爱,便是本课题研究的初衷。

　　从课题立项的那一刻起,我便真实体验到这项研究的责任和困难。一方面,流动儿童作为一类新的"弱势群体",正日益受到社会各界的关注,如何深入地揭示流动儿童心理发展和社会适应的现实性、复杂性和多样性,进而为其提供各种帮助,从而为流动儿童健康发展尽一份绵薄之力,是每一位心理学和教育学工作者的使命。另一方面,早就耳闻贵州省社科规划办对其立项课题的要求甚高,从立项时的匿名评审到结题时的匿名鉴定,均是按照国家级社科基金的要求进行,稍不用心就会有鉴定不合格导致撤项的风险。

　　通过对流动儿童已有研究结果的总结和反思,我们找到了城市流动儿童问题研究的立足点。在课题设计之初,我们认真思考了多种研究思路和方案,最终选择了量化研究与质性研究相结合的方案,即在问卷调查的基础上进行访谈分析,既从量化的角度揭示流动儿童心理发展和社会适应的现状,又力求通过与流动儿童的互动对其心理与行为获得解释性理解，力求使我们的研究结论更具有普遍性和说服力。在本次调查中，我们选择了一些具有代表性的量表施测，在对流动儿童实施测验的过程中，也选取了城市本地儿童作为对照，同时，我们还选取了东西部省会城市的流动儿童进行对比分析。在访谈阶段，我们带领两位学生深入到贵阳市多所学校与流动儿童及老师接触，收集语音资料，再由我的四位学生进行文本转换，最后采用编码的方法对材料进行分析。从调查、访谈，到分析、写作，我们的内心充斥着忐忑、焦虑、紧张、喜悦等一系列复杂的情感。在深切地感受到研究任务复杂与艰巨的同时，我们也意识到研究中的诸多不足和缺憾之处，有待于在今后的研究中加以弥补和进一步优化。如心理发展的测评指标不够全面，调查数据的获取来自于自我报告法，采用的是横断面研究和相关研究设计，被试样本的选取城市偏少，等等。

本课题从设计到结题，凝聚了课题组每位老师和同学的心血，如赵燕、林可勇老师和王娟、陈良辉、吴娇娇、游丽等同学；同时，本课题的顺利完成也离不开多位老师、同学和朋友的积极帮助，在此，衷心感谢华南师范大学心理学院郑雪教授、广州大学心理学系杜建政教授、广州市白云区教育发展中心杨升平老师、华南师范大学心理学院访问学者张荣伟博士、贵阳市南明区教育局王丹梅老师等在课题研究中给予我们帮助的人。值得一提的是，本书的部分内容此前曾在《中国临床心理学杂志》《中国特殊教育》《中国学校卫生》《中国儿童保健杂志》《教育导刊》等学术期刊上发表。

考虑到流动儿童心理发展与社会适应是一个复杂的问题，加上时间仓促，作者水平有限，书中疏漏之处在所难免，希望大家能够多提宝贵意见，以便我们在日后修改、完善。

张 翔

2015 年 1 月

258